医疗建筑高效建造指导手册

中国建筑第八工程局有限公司　　编
马明磊　　阴光华　　马昕煦　主编

中国建筑工业出版社

图书在版编目（CIP）数据

医疗建筑高效建造指导手册/中国建筑第八工程局
有限公司编；马明磊，阴光华，马昕煦主编. —北京：
中国建筑工业出版社，2023.6
ISBN 978-7-112-28725-3

Ⅰ.①医…　Ⅱ.①中…　②马…　③阴…　④马…　Ⅲ.
①医院–建筑设计–手册　Ⅳ.①TU246.1-62

中国国家版本馆 CIP 数据核字（2023）第 082505 号

本手册以中国医学科学院北京协和医院转化医学综合楼项目的工程建造经验
为基础，分析医疗类项目的典型特征，梳理工程建设的关键线路，总结设计、采
购、施工管理与技术难点。在全生命周期引入 BIM 技术辅助项目设计、管理和运维，
同时结合基于"互联网＋"的信息化平台管理手段以及绿色建造方式，为医疗类工
程 EPC 项目设计、采购、施工提供技术支撑，积极践行"高效建造，完美履约"。

本手册主要内容包括医疗类工程概述、高效建造组织、高效建造技术、高效建
造管理、医疗类项目验收、案例等内容。本书内容全面，可供建设行业相关从业人
员参考使用。

除特别说明外，本书图中标高单位均为"m"，其他单位为"mm"。

责任编辑：王砾瑶　万　李　张　磊
责任校对：刘梦然
校对整理：张辰双

医疗建筑高效建造指导手册

中国建筑第八工程局有限公司　编
马明磊　阴光华　马昕煦　主编

＊

中国建筑工业出版社出版、发行（北京海淀三里河路9号）
各地新华书店、建筑书店经销
北京科地亚盟排版公司制版
建工社（河北）印刷有限公司印刷

＊

开本：787毫米×1092毫米　1/16　印张：8¼　字数：168千字
2023年6月第一版　　2023年6月第一次印刷
定价：**68.00**元
─────────────────────────
ISBN 978-7-112-28725-3
（41166）

本书编委会

主　编　马明磊　阴光华　马昕煦

编　委　亓立刚　白　羽　柏　海　蔡庆军　陈　刚

　　　　陈　华　陈　江　邓程来　葛　杰　韩　璐

　　　　黄　贵　林　峰　刘文强　马希振　隋杰明

　　　　孙晓阳　唐立宪　田　伟　叶现楼　于　科

　　　　詹进生　张　磊　张世阳　周光毅　张文津

　　　　王　康　张德财　欧亚洲　郑　巍

前　　言

　　习近平新时代中国特色社会主义思想和党的二十大精神对决胜全面建成小康社会、夺取新时代中国特色社会主义伟大胜利作出了全面部署。党的二十大报告提出，"高质量发展是全面建设社会主义现代化国家的首要任务。发展是党执政兴国的第一要务"。中国特色社会主义进入新时代，我国经济已由高速增长阶段转向高质量发展阶段。

　　2016年2月6日，中共中央、国务院印发《关于进一步加强城市规划建设管理工作的若干意见》，其中第四方面"提升城市建筑水平"第十一条"发展新型建造方式"中指出"大力推广装配式建筑，减少建筑垃圾和扬尘污染，缩短建造工期，提升工程质量"，这是国家层面首次提出"新型建造方式"。新型建造方式是指在建筑工程建造过程中，贯彻落实"适用、经济、绿色、美观"的建筑方针，以"绿色化"为目标，以"智慧化"为技术手段，以"工业化"为生产方式，以工程总承包项目为实施载体，强化科技创新和成果利用，注重提高工程建设效率和建造质量，实现建造过程"节能环保，提高效率，提升品质，保障安全"的新型工程建设组织模式。

　　为适应行业发展新形势，巩固企业核心竞争力，结合医疗类工程体量大、工期紧、质量要求高的特点，提出"高效建造、完美履约"的管理理念。在确保工程质量和安全的前提下，对组织管理、资源配置、建造技术等整合优化，全面推进绿色智能建造，使建造效率处于行业领先水平。施工总承包模式存在设计施工平行发包，设计与施工脱节，以及施工协调工作量大、管理成本高、责任主体多、权责不够明晰等现象，导致工期拖延、造价突破等问题。结合行业发展趋势，本手册主要阐述工程总承包模式下的高效建造。

　　本手册以中国医学科学院北京协和医院转化医学综合楼项目的工程建造经验为基础，分析医疗类项目的典型特征，梳理工程建设的关键线路，总结设计、采购、施工管理与技术难点。在全生命周期引入BIM技术辅助项目设计、管理和运维，同时结合基于"互联网+"的信息化平台管理手段以及绿色建造方式，为医疗类工程EPC项目设计、采购、施工提供技术支撑，积极践行"高效建造，完美履约"。

　　本手册主要包括医疗类工程概述、高效建造组织、高效建造技术、高效建造管理、医疗类项目验收、案例等内容。项目部在参考时需要结合工程实际，聚焦工程履约的关键点和风险点，规范基本的建造程序、管理与技术要求，并从工作实际出发，提炼有效做法和具体方案。本手册寻求的是最大公约数，能够确保大部分医疗类工程在建造过程中实现"高效建造，完美履约"。我们希望通过本手册的执行，使医疗类项目建造管理工作得到持续改进，促进企业高质量发展。

由于编者水平有限，恳请广大读者提出宝贵意见。

目　　录

医疗类工程概述

1.1 医疗类建筑功能组成

综合医院是医疗设施的主体，具备下列条件者为综合医院：设置有大内科、大外科、妇产科、儿科、五官科等五科以上专科；设置门诊部及24h服务的急诊部和住院部；设有药剂、检验、放射等医技部门，配有相应的人员和设备。

综合医院建设项目由门诊部、急诊部、住院部、医技科室、保障系统、行政管理和院内生活用房七项设施构成。

承担医学科研和教学任务的综合医院，尚应包括相应的科研和教学设施（表1.1-1）。

综合医院功能组成表 表1.1-1

序号	功能项	功能组成
1	门诊部	导医咨询、挂号处、收费处、取药处、门诊药房、门诊化验、门诊科室、感染门诊、门诊治疗、门诊输液、门诊手术、预防保健用房、社区卫生服务用房、日间医疗设施、体检用房、商业设施
2	急诊部	分诊、接诊、挂号处、收费处、取药处、急诊药房、化验、急诊用房、急救用房、急诊重症监护单元、急诊手术、输液、留院观察病房、功能检查用房、影像诊断检查用房
3	住院部	出入院办理、探视管理、住院药房、护理单元、重症监护单元、化疗病房、商业设施
4	医技科室	手术部、医学影像科、检验科、药剂科、功能检查科、病理科、供应中心、麻醉科、血库、介入治疗、放射治疗、核医学、生殖医学中心、内窥镜、理疗科、高压氧舱、血液透析
5	保障系统	机电设备机房、洗衣房、营养部、太平间、锅炉房、污水处理站、库房、垃圾站、停车空间、制剂室
6	行政管理	行政办公、图书室、档案室、计算机房
7	院内生活	值班宿舍、倒班宿舍、职工餐厅、厨房、浴室、医生宿舍、进修医生宿舍
8	教学科研	教室、实验室、示教室、动物房

　　医院科室的划分大体上有以下几种方式：按诊疗手段分为内科、外科、放射诊断科等；按诊疗对象分为妇产科、小儿科、老年病科等；按病种分为肿瘤科、传染病科、结核病科、精神病科、遗传病科、糖尿病科、风湿病科等；按人体器官分为眼科、耳鼻喉科、口腔科、呼吸科、内分泌科等；按系统综合分为神经科（神经内科与神经外科）、消化科（包括内、外科、病理、放射等有关专业）等；按技术设备分为功能检查中心、影像中心、供应中心等。

　　各医院规模、标准、专业重点不同，医疗分科情况也不尽相同，一般是医院规模愈大，等级越高，分科越细。综合医院常见分科方式见表1.1-2。

一般综合医院科室组成表

表1.1-2

序号	部门	编号	科室
1	门诊部	1	内科
		2	外科
		3	儿科
		4	妇科
		5	产科
		6	眼科
		7	耳鼻喉科
		8	口腔科
		9	皮肤科
		10	医学美容科
		11	中医科
		12	多学科综合
2	急诊部		急诊科
3	医技部	1	影像科
		2	功能检查科
		3	检验科
		4	病理科
		5	输血科
		6	内镜中心
		7	放射治疗科
		8	手术部
		9	消毒供应中心
		10	血液透析
		11	药学部（静配中心）

续表

序号	部门	编号	科室
3	医技部	12	高压氧舱
		13	核医学
		14	生殖医学中心
4	住院部	1	重症监护室
		2	分娩部
		3	新生儿科
		4	儿科
		5	烧伤护理科
		6	血液病科
5	体检中心		体检中心
6	感染部		感染科
7	后勤保障部	1	营养厨房
		2	锅炉房
		3	垃圾处理站
		4	洗衣房
		5	太平间
		6	污水处理
		7	医用气体
8	行政科教部	1	行政管理
		2	院内生活
		3	教学科研

1.2 医疗类建筑的分类

1.2.1 卫生机构分类

我国卫生机构划分为医院、社区卫生服务中心（站）、卫生院、门诊部、诊所、医务室、村卫生室、急救中心（站）、采供血机构、妇幼保健院、专科疾病防治院（所、站）等，其中医院分为综合医院、中医院、中西医结合医院、专科医院、疗养院、护理院（表1.2.1-1）。

我国卫生机构（组织）分类代码表　　　　　　表1.2.1-1

编号	二级编号	三级编号
A 医院	A1	A100 综合医院

编号	二级编号	三级编号
A 医院	A2 中医医院	A210 中医（综合医院），A220 中医专科医院，A221 肛肠医院，A222 骨伤医院，A223 针灸医院，A229 其他专科医院
	A3	A300 中西医结合医院
	A4 民族医院	A411 蒙医院，A412 藏医院，A413 维吾尔医院，A414 傣医院，A419 其他民族医院
	A5 专科医院	A511 口腔医院，A512 眼科医院，A513 耳鼻喉科医院，A514 肿瘤医院，A515 心血管病医院，A516 胸科医院，A517 血液病医院，A518 妇产科医院，A519 儿童医院，A520 精神病医院，A521 传染病医院，A522 皮肤病医院，A523 结核病医院，A524 麻风病医院，A525 职业病医院，A526 骨科医院，A527 康复医院，A528 整形外科医院，A529 其他专科医院
	A6	A600 疗养院
	A7 护理院	A710 护理院、A720 护理站
B 社区卫生服务中心（站）		
C 卫生院		
D 门诊部、诊所、医务室、村卫生室		
E 急救中心（站）		
F 采供血机构		
G 妇幼保健院		
H 专科疾病防治院（所、站）		

1.2.2　医院分级

根据卫生部颁布的《医院分级管理办法》，我国采用"三级医疗网"的配置体系。

医院按其任务和配置功能的不同，由高到低划分为三、二、一级；根据各级医院的技术水平、质量水平、管理水平和科研能力的情况，并参照必要的设施条件，由高到低划分为甲、乙、丙三等，其中三级医院增设特等（图 1.2.2-1、表 1.2.2-1、表 1.2.2-2）。实际执行中，一级医院不分等级。

各级医院规模配置的基本要求　　　　　　　　　　　　　表 1.2.2-1

医院分级	床位数（床）	每床建筑面积（m²）	病房每床净使用面积（m²）
三级医院	≥500	≥60	≥6
二级医院	100~499	≥45	≥5
一级医院	20~99	≥45	—

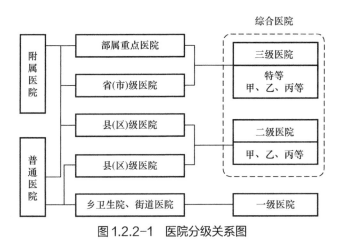

图1.2.2-1　医院分级关系图

各级医院科室及人员配置表　　　　　表1.2.2-2

医院分级	总床位数（床）	功能与对象	必须设置的临床科室	必须设置的医技科室	人员配置
三级	≥500	综合性大型医院，向多个地区提供高水平专科性医疗卫生服务和执行高等教学、科研任务的区域性以上的医院	急诊、内科、外科、妇（产）科、预防保健科、儿科、眼科、耳鼻喉科、口腔科、皮肤科、传染科、中医科、康复科	药剂科、检验科、放射科、手术室、病理科、输血科、理疗科、消毒供应室、病案室、核医学科、营养部和相应的临床功能检查室	每床至少配备1.03名卫生技术人员，每床至少配备0.4名护士，专业科室应具有副主任医师及以上职称医师，临床营养师不少于2名，工程技术人员占卫生技术人员总数的比例不低于1%
二级	100～499	县区级医院，向多个社区提供综合医疗卫生服务和承担一定教学、科研任务的地区性医院	急诊、内科、外科、妇（产）科、预防保健科、儿科、眼科、耳鼻喉科、口腔科、皮肤科、传染科。其中，眼科、耳鼻喉科、口腔科可合并建科，皮肤科可并入内科或外科。附近已有传染病医院的，可不设传染科	药剂科、检验科、放射科、手术室、病理科、血库（可与检验科合设）、理疗科、消毒供应室、病案室	每床至少配备0.88名卫生技术人员，每床至少配备0.4名护士，至少有3名具有副主任医师及以上职称医师，各专业科室至少有1名具有主治医师及以上职称医师
一级	20～99	街道医院，直接向一定人口的社区提供预防、医疗、保健、康复服务的基层社区医院	急诊、内科、外科、妇（产）科、预防保健科	药房、化验室、X光室、消毒供应室	每床至少配备0.7名卫生技术人员，至少有3名医师、5名护士和相应的药剂、检验、放射等卫生技术人员，至少有1名具有主治医师及以上职称的医师

　　一级医院是直接为社区提供医疗、预防、康复、保健服务的基层医院，是初级卫生保健机构。

　　二级医院是向多个社区提供医疗卫生服务的地区性医院，是地区性医疗服务、疾病预防的技术中心。

三级医院是向多个地区、各省市乃至全国范围提供医疗卫生服务的综合性大型医院，是具备全面综合医疗、教学、培训、疾病预防、科学研究能力的医疗机构。

1.3 绿色医院建筑评价标准

2016 年实施的《绿色医院建筑评价标准》GB/T 51153—2015 已经不符合现行的绿建标准，目前医院建筑的绿色评价标准遵照《绿色建筑评价标准》GB/T 50378—2019 执行。

《绿色建筑评价标准》评价指标体系由安全耐久、健康舒适、生活便利、资源节约、环境宜居五类指标组成，且每类指标均包括控制项和评分项；评价指标体系还统一设置加分项。绿色建筑评价应在建筑工程竣工后进行。在建筑工程施工图设计完成后，可进行预评价。

绿色建筑等级分为基本级、一星级、二星级、三星级四个等级。评价机构应对申请评价方提交的分析、测试报告和相关文件进行审查，出具评价报告，确定等级。

2 高效建造组织

2.1 组织机构

见图 2.1-1、图 2.1-2。

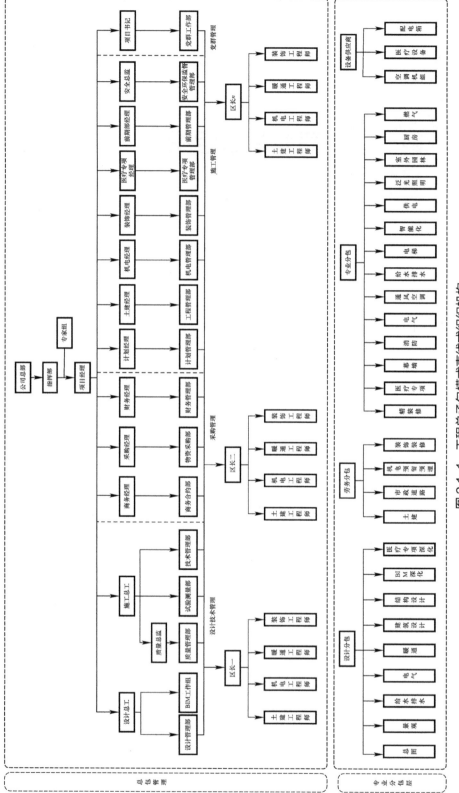

图 2.1-1 工程总承包模式直线式组织机构

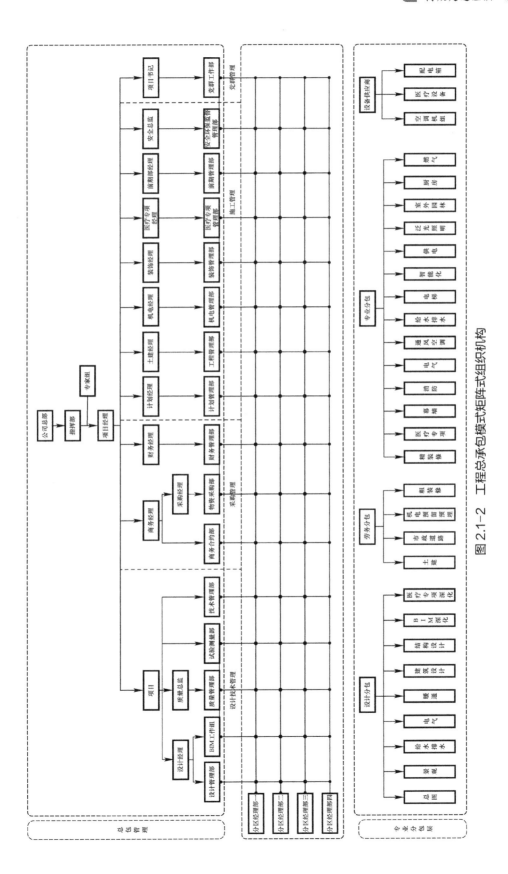

图 2.1-2　工程总承包模式矩阵式组织机构

2.2　关键工期节点

医疗典型工期计划节点及前置条件见表 2.2-1。

关键线路计划工期节点及前置条件—关键线路（施工准备开始的"0"点，典型工期1390d）

表 2.2-1

阶段	类别（关键线路工期）	穿插时间（d）	编号	管控级别	业务事项	节点类别	参考周期（d）	标准要求	设计单位前置条件	采购单位前置条件	建设单位前置条件	参考案例	备注
设计阶段（210d）	方案及初步设计工期（由项目复杂程度和审批进度决定）	0	1	—	概念方案确定	工期	60	概念方案得到甲方、政府主管部门认可	—	—	组织概念方案评审活动	—	
		0	2	—	方案设计和文本编制	工期	60	按照国家设计文件深度规定完成报批方案文本编制（含估算）	概念方案确定	—	—	—	
		0	3	—	方案设计评审、修改与报批	工期	30	政府主管部门组织方案设计评审、修改通过后报批，拿到方案批复	方案设计文本编制完成	—	组织方案送审及报批	—	
		0	4	—	初步设计文件编制	工期	30	按照国家和地方初步设计编制深度（含概算）	取得方案批复	—	—	—	
		0	5	—	初步设计评审、各类专项评审与报批	工期	30	取得批复	初步设计文本编制完成	—	组织初步设计文件送审及报批	—	
	施工图设计工期	−60	6	1	桩基、支护施工图	工期	60	分地通过图审、满足施工需要的首批图纸	取得初步设计批复	—	—	—	与施工准备阶段同步进行
		−90	7	1	地下室部分施工图	工期	90		—	—	—	—	与桩基、支护设计、施工阶段同步进行

续表

阶段	类别（关键线路工期）	穿插时间（d）	编号	管控级别	业务事项	节点类别	参考周期（d）	标准要求	设计单位前置条件	采购单位前置条件	建设单位前置条件	参考案例	备注
设计阶段（210d）	施工图设计工期	-120	8	1	地上主体部分施工图	工期	120	—	—	—	—	—	与地下室结构设计、施工阶段同步进行
		-120	9	1	医疗专项部分施工图	工期	120	—	—	—	—	—	与桩基、支护、设计、施工阶段同步进行
		—	10	1	其余施工图分阶段出图（其余批次）	工期	按照工程进展提前筹划	通过图审，满足施工需要的其他图纸	—	—	—	—	—
			11	2	控制点移交及复核	工期	2	完成控制点现场及面书移交，总包完成控制点复核及加密工作	用地红线及总平面规划图，建筑物轮廓边线及定位	—	控制点文件移交	—	—
准备阶段	施工准备	-60	12	1	三通一平（通水、电、路，场地平整）	工期	30	现场施工临水、道路、临电布置完成，场内外交通顺畅	用地红线及总平面规划图，建筑物轮廓边线及定位	临时劳务队伍，钢筋、混凝土、模板等招采	施工总平面图图审批	—	与桩基、支护施工图设计同步进行
		—	13	1	场区规划及临建搭设、临水临电设置	工期	30~60	具备开工条件	用地红线及总平面规划图，建筑物轮廓边线及定位	临时施工队伍和相关材料招采	施工总平面图和临时方案审批	—	与桩基、支护施工图设计同步进行

续表

阶段	类别（关键线路工期）	穿插时间(d)	编号	管控级别	业务事项	节点类别	参考周期(d)	标准要求	设计单位前置条件	采购单位前置条件	建设单位前置条件	参考案例	备注
准备阶段	施工准备	−60	14	1	工程桩试桩及检测	工期	45	试桩施工完成并完成试验检测及数据校核工作	试桩设计类型和指标参数	桩基施工队伍和桩基主材招采	方案审批	—	与桩基、支护施工图设计同步进行
		0	15	1	基坑支护	工期	50	支护及止水（若包含止水帷幕）工作全部完成	基坑支护设计施工图	基坑支护、降水施工队伍和材料招采	方案审批并专家论证	—	与地下结构施工图设计同步进行
施工阶段（798d）	地基与基础（237d）	−30	16	2	工程桩施工及检测	工期	70	根据工程实际与基坑支护施工合理穿插	工程桩设计施工图	桩基施工队伍、桩基主材招采	方案审批	—	
		−10	17	2	基坑降水施工	工期	35	包含降水井施工、降水管布设、正常降水、回填完成后降水结束四个阶段	基坑降水设计施工图	基坑支护、降水施工队伍和材料招采	方案审批	—	
		0	18	1	土方工程开挖	工期	120	土方、支撑体系全部完成	地下结构施工图	土方施工队伍招采	方案审批	—	辅助工序不占工期
		−15	19	1	地基处理、验槽	工期	20	根据土质条件及设计要求完成相应类型地基处理	地基处理施工图纸	地基处理施工队伍及相关材料招采	方案审批	—	
		−30	20	3	基础垫层、砖胎膜、防水、保护层	工期	50	底板防水验收合格	地下室至建筑施工图	防水施工队伍及相关材料招采	方案审批	—	
		−5	21	1	桩基验收	工期	7	验收合格	—	—	—	—	

续表

阶段	类别（关键线路工期）	穿插时间(d)	编号	管控级别	业务事项	节点类别	参考周期(d)	标准要求	设计单位前置条件	采购单位前置条件	建设单位前置条件	参考案例	备注
施工阶段（798d）	地下主体混凝土结构（90d）	-60	22	2	底板工程	工程	80	地下室底板浇筑完成	地下室结构施工图，地下室水暖电预埋预留施工图	主体劳务施工队伍和结构主材招采	方案审批	—	
		-50	23	1	地下室结构工程	工程	120	地下室顶板混凝土浇筑完成，正负零结构完成，换撑体系达到设计强度后进行拆除（包含医疗及机电安装预留预埋）			—	—	
		-40	24	3	地下室结构模板拆除	工程	40	地下室模板全部拆除完成	—	—	拆模审批	—	非关键线路
		-30	25	3	出地下室顶板构筑物	工程	30	顶板构筑物浇筑完成	地下室结构施工图	—	方案审批	—	非关键线路
		-30	26	3	地下室外墙防水及保护墙	工程	30	外墙防水及保护墙完成，验收合格	地下室建筑施工图	防水施工队伍及相关材料招采	方案审批	—	非关键线路
		-30	27	3	地下室土方肥槽回填	—	30	符合规范设计要求	地下室建筑施工图	—	方案审批	—	非关键线路
		-30	28	3	地下室低压照明	工程	30	结构浇筑后完成临时照明	—	—	方案审批	—	非关键线路
		-30	29	3	地下室有组织排水	工程	30		—	—	方案审批	—	非关键线路
		-30	30	3	地下室临时通风	工程	30	拆模后完成临时通风	—	—	方案审批	—	非关键线路
		-150	31	3	地下室二次结构砌筑抹灰	工程	150	主体结构验收完成穿插展开砌筑抹灰	—	二次结构劳务施工队伍和结构主材招采	方案审批	—	非关键线路
		-30	32	3	地下室设备基础	工程	30	所有设备基础及埋件	—	设备选型完成	方案审批	—	非关键线路
		-60	33	3	变电所土建施工	工程	60	电缆沟、高低压柜基础	—	设备选型完成	方案审批	—	非关键线路

续表

阶段	类别（关键线路工期）	穿插时间（d）	编号	管控级别	业务事项	节点类别	参考周期（d）	标准要求	设计单位前置条件	采购单位前置条件	建设单位前置条件	参考案例	备注
施工阶段（798d）	地上结构（321d）	-30	34	1	主体工程	工程	300	主体混凝土结构完成（包含局部PC构件安装、医疗及机电安装预留预埋）	地上结构施工图	主体劳务和结构主材招采	方案审批	—	
		-60	35	3	主体工程模板拆除	工程	60	—	—	—	方案审批	—	非关键线路
		-270	36	3	地上部分二次结构砌筑	工程	300	—	—	—	方案审批	—	
		0	37	3	地上主体验收（分段验收）	工程	3	主体结构、二次结构施工内容完成，平行检测完成，主体结构检测完成	—	—	—	—	
		-60	38	3	地上内墙抹灰施工	工程	78	—	—	—	方案审批	—	非关键线路
		-20	39	3	地上设备基础施工	工程	20	—	—	—	方案审批	—	非关键线路
	屋面工程（非关键线路）	-30	40	3	屋面结构	工程	30	完成屋面混凝土浇筑	—	—	—	—	影响幕墙吊篮安装
		-90	41	3	屋面防水、保温及保护层	工程	90	屋面防水、保温及保护层施工完成	屋面施工图和深化设计图	—	品牌和样板确认，施工方案审批	—	
		-30	42	3	屋面防雷、接地系统施工	工程	30	—	—	—	—	—	
		-30	43	3	屋面回填	工程	30	—	—	—	—	—	非关键线路
		-30	44	3	屋面绿化	工程	30	—	—	—	—	—	非关键线路
	粗装修（非关键线路）	-90	45	3	地下各类设备用房装修	工程	90	—	全套建筑施工图、水暖电施工图	施工劳务队伍及相关材料招采	施工方案审批	—	非关键线路，灵活插入，但不能影响后续工作
		-60	46	3	地上各类设备用房装修	工程	60	—			施工方案审批	—	
		-60	47	3	人防门安装	工程	60	—			施工方案审批	—	

续表

阶段	类别（关键线路工期/非关键线路）	穿插时间 (d)	编号	管控级别	业务事项	节点类别	参考周期 (d)	标准要求	设计单位前置条件	采购单位前置条件	建设单位前置条件	参考案例	备注
施工阶段（798d）		-60	48	3	地下室防火门/防火卷帘安装	工程	60	—			施工方案审批		非关键线路，灵活插入，但不能影响后续工作
		-20	49	3	地下室样板段施工	工程	20	—			施工方案审批		
		-60	50	3	地下室顶棚、内墙装饰面施工	工程	60	—	全套建筑施工图、水暖电施工图	施工劳务伍及相关材料招采	品牌和样板确认、施工方案审批	—	
	粗装修（非关键线路）	-60	51	2	地下室地面	工程	60	—			施工方案审批		
		-30	52	3	地下室停车场划线	工程	-30	—			施工方案审批		
		-45	53	3	消防疏散楼梯间及前室墙面、地面、顶棚装饰	工程	45	—			施工方案审批		
		-45	54	3	设备管井墙面、地面、顶棚装饰	工程	45	—			施工方案审批		
	电梯及机电设备安装（55d）	-15	55	2	电梯安装作业面移交	工程	15	电梯机房、电梯基坑、电梯井道砌筑及抹灰（若有）完成，相关部位尺寸复核完成，预留、预埋检验复核合格，完成井道移交手续	电梯施工图和相关深化设计图	电梯专业分包及相关材料招采	施工方案审批	—	非关键线路
		-100	56	2	消防电梯、货梯安装，医用电梯及客梯调试验收、投入使用	工程	100	安装调试完成，临时投入使用，为现场外用临时电梯拆除创造条件。使用结束后正式验收并获得合格证			施工方案审批	—	
		-80	57	3	扶梯安装及调试验收	工程	80	电梯相关部位尺寸复核完成，预留、预埋检验复核合格，完成书面移交手续			品牌和样板确认、施工方案审批	—	

续表

阶段	类别（关键线路工期）	穿插时间（d）	编号	管控级别	业务事项	节点类别	参考周期（d）	标准要求	设计单位前置条件	采购单位前置条件	建设单位前置条件	参考案例	备注
施工阶段（798d）	电梯及机电设备安装（55d）	-60	58	3	人防设备安装	工程	60	人防设备安装完成			—	—	
		130	59	3	地下室风管及水管安装及保温	工程	130	所有机房外主管道施工完成		—	—	—	
		-60	60	3	地上风管及空调水管安装及保温（门诊、住院部前厅）	工程	60	施工完成、验收合格	—		—	—	
		-15	61	3	风口安装	工程	30	施工完成、验收合格			—	—	
		-45	62	3	风机设备安装	工程	45	施工完成、验收合格			—	—	
		-20	63	2	屋面风冷热泵机组安装	工程	20	施工完成、验收合格			—	—	
		-90	64	3	VRV多联式空调系统安装	工程	90	施工完成、验收合格			—	—	
		-90	65	3	地下室空调机组安装	工程	90	施工完成、验收合格	全套水暖电施工图纸及相关深化图纸	机电安装施工队伍及相关材料招采	—	—	
		-150	66	2	制冷机房及配套设施安装移交	工程	150	施工完成、验收合格			—	—	
		-15	67	3	冷却塔安装	工程	15	施工完成、验收合格			—	—	
		-20	68	2	空调系统调试	工程	30	施工完成、验收合格			—	—	
		-150	69	3	给水、排水、污水、废水管道安装	工程	150	施工完成、验收合格			—	—	
		-60	70	3	水泵房用设备安装（给水泵房、消防泵房、雨水回收泵房）	工程	60	施工完成、验收合格			—	—	

续表

阶段	类别（关键线路工期）	穿插时间（d）	编号	管控级别	业务事项	节点类别	参考周期（d）	标准要求	设计单位前置条件	采购单位前置条件	建设单位前置条件	参考案例	备注
		-30	71	3	锅炉安装	工程	30	施工完成、验收合格			—	—	
		-20	72	3	空压机房内设备及管道安装	工程	20	施工完成、验收合格			—	—	
		-90	73	3	压力排水、中水、热水管道安装（二次结构砌筑之后）	工程	90	施工完成、验收合格			—	—	
		-60	74	3	重力排水、虹吸雨水（屋面结构之后）	工程	60	施工完成、验收合格			—	—	
		-5	75	3	集水坑移交（地下室二次结构砌筑之后）	工程	5	施工完成、验收合格			—	—	
施工阶段（798d）	电梯及机电设备安装（55d）	-30	76	3	污水泵安装（含提升系统）	工程	30	施工完成、验收合格	全套水暖电施工图纸及相关深化图纸	机电安装施工队伍及相关材料招采	—	—	
		-150	77	3	消防水管道安装	工程	150	施工完成、验收合格			—	—	
		-90	78	3	报警阀室安装	工程	90	施工完成、验收合格			—	—	
		-30	79	3	消火栓箱安装	工程	30	施工完成、验收合格			—	—	
		-30	80	3	气体灭火管道安装	工程	30	施工完成、验收合格			—	—	
		-15	81	3	气瓶间设备安装	工程	15	施工完成、验收合格			—	—	
		-100	82	3	下引管及喷淋头安装	工程	100	施工完成、验收合格			—	—	
		-60	83	3	消防水炮系统安装	工程	60	施工完成、验收合格			—	—	
		-30	84	2	给水排水系统调试	工程	30	施工完成、验收合格			—	—	
		-30	85	3	地下室照明系统安装、调试	工程	30	施工完成、验收合格			—	—	

续表

阶段	类别（关键线路工期）	穿插时间（d）	编号	管控级别	业务事项	节点类别	参考周期（d）	标准要求	设计单位前置条件	采购单位前置条件	建设单位前置条件	参考案例	备注
施工阶段（798d）		−20	86	3	消防、烟感、广播安装	工程	30	施工完成、验收合格			—	—	
		−20	87	3	高低压配电房基础施工	工程	20	施工完成、验收合格			—	—	
		−7	88	2	高低压配电室移交	工程	7	施工完成、验收合格			—	—	
		−30	89	2	高低压配电室安装	工程	30	施工完成、验收合格			—	—	
		−60	90	3	配电箱安装	工程	60	全部安装并测试完成			—	—	
		−15	91	3	灯具安装	工程	30	施工完成、验收合格			—	—	
		−90	92	3	室内强电系统线槽、管路安装及布线	工程	90	施工完成、验收合格	全套水暖电施工图纸及相关深化图纸	机电安装施工队伍进场关材料招采	—	—	
	电梯及机电设备安装（55d）	−30	93	3	母线安装	工程	30	施工完成、验收合格			—	—	
		−15	94	3	楼层配电箱送电	工程	15	施工完成、验收合格			—	—	
		−30	95	3	EPS应急电源安装	工程	30	施工完成、验收合格			—	—	
		−30	96	3	UPS不间断电源安装	工程	30	施工完成、验收合格			—	—	
		−20	97	3	智能照明系统安装及通电调试	工程	20	施工完成、验收合格			—	—	
		−30	98	3	光伏设备安装	工程	30	施工完成、验收合格			—	—	
		−60	99	3	弱电桥架安装	工程	60	施工完成、验收合格			—	—	
		−60	100	3	弱电线管安装、线缆敷设	工程	60	施工完成、验收合格			—	—	
		−60	101	3	智能化通用系统设备安装及调试	工程	60	施工完成、验收合格			—	—	

续表

阶段	类别（关键线路工期）	穿插时间（d）	编号	管控级别	业务事项	节点类别	参考周期（d）	标准要求	设计单位前置条件	采购单位前置条件	建设单位前置条件	参考案例	备注
施工阶段（798d）	电梯及机电设备安装（55d）	-60	102	2	智能机房建设与设备安装及调试	工程	60	施工完成、验收合格				—	
		-60	103	2	安防控制室及安防辅助用房建设与设备安装及调试	工程	60	施工完成、验收合格				—	
		-30	104	2	弱电设备安装及调试	工程	30	施工完成、验收合格				—	
		-30	105	3	PDT、LTE覆盖系统设备安装及调试	工程	30	施工完成、验收合格	全套水暖电施工图纸及相关深化图纸	机电安装施工队伍及相关材料招采	—	—	
		-30	106	3	信息引导及发布系统设备安装及调试	工程	30	—				—	
		-30	107	3	远传计量系统设备安装及调试	工程	30	—				—	
		-20	108	2	综合布线检测	工程	20	—				—	
		-10	109	1	安防检测	工程	10	—				—	
		-10	110	2	智能化其他系统检测	工程	10	各系统测试调试完成并具备联动条件				—	
		-20	111	1	消防联动调试	工程	30	消防联动调试完成并能正常投入运行				—	
	精装修工程（医疗专项）（150d）	-30	112	1	内装施工样板段封样确认	工期	30	施工完成、验收合格	精装修施工图及相关深化设计图	装饰精装修施工图及深化设计图	设计范围和风格确认，品牌确认、样板确认，施工图和深化图纸确认，施工方案审批	—	
		-90	113	1	医技楼精装施工	工期	100	施工完成、验收合格				—	
		-60	114	1	病房楼精装修	工期	90	施工完成、验收合格				—	

续表

阶段	类别（关键线路工期）	穿插时间（d）	编号	管控级别	业务事项	节点类别	参考周期（d）	标准要求	设计单位前置条件	采购单位前置条件	建设单位前置条件	参考案例	备注
施工阶段（798d）	精装修工程（医疗专项）（150d）	−60	115	2	高压氧楼精装修施工	工期	60	施工完成、验收合格	精装修施工图及相关深化设计图	装饰精装修施工图及深化设计图	设计范围和风格确认，品牌样板和深化图纸确认，施工方案审批	—	非关键线路
		−90	116	1	感染楼精装修施工	工期	90	施工完成、验收合格				—	非关键线路
		−20	117	2	幕墙及夜景照明施工样板段	工期	20	施工完成、验收合格	—	—	—	—	
		−150	118	3	幕墙类龙骨安装	工期	150	施工完成、验收合格	—	—	—	—	
		−250	119	3	幕墙安装	工期	250	施工完成、验收合格	—	—	—	—	
		−100	120	3	非幕墙类外墙施工	工期	100	施工完成、验收合格	—	—	—	—	
		−300	121	3	净化工程	工期	300	施工完成、验收合格，满足业主需求	医疗专项工程相关深化设计图	医疗专项工程专业分包及相关深化设计图等招标完成	医疗专项工程施工图纸深化设计、施工图审核，施工方案审批	—	
		−180	122	3	实验室工程	工期	180					—	非关键线路
		−60	123	3	内镜中心工程	工期	60					—	非关键线路
		−90	124	3	消毒供应中心工程	工期	90					—	非关键线路
		−40	125	3	静配中心工程	工期	40					—	非关键线路
		−180	126	3	箱式物流工程	工期	180					—	非关键线路
		−180	127	3	气动物流工程	工期	180					—	非关键线路
		−180	128	3	医用气体工程	工期	180					—	非关键线路
		−90	129	3	医用纯水、酸化水工程	工期	90					—	非关键线路
		−180	130	3	污水处理工程	工期	180					—	非关键线路
		−90	131	3	地下室放疗（直线加速器）工程	工期	90					—	不含设备安装
		−90	132	3	放射防护与磁屏蔽工程	工期	90					—	非关键线路
		−90	133	3	药剂冷库工程	工期	90					—	非关键线路

续表

阶段	类别（关键线路（工期））	穿插时间（d）	编号	管控级别	业务事项	节点类别	参考周期（d）	标准要求	设计单位前置条件	采购单位前置条件	建设单位前置条件	参考案例	备注
		-120	134	2	红线内市政施工	工期	120	红线电力、热力、给水、雨污水、电信等工程管道施工或设备安装完成，并连接至相应设备用房，包含专业分包单位施工内容				—	
		-60	135	2	红线外市政施工	工期	60	红线电力、热力、给水、雨污水、电信等工程管道施工或设备安装完成，并连接至相应设备用房，包含专业分包单位施工内容				—	非关键线路
施工阶段（798d）	室外及市政配套工程（90d）	-20	136	1	雨污水正式接通	工期	20	雨污水系统达到排放条件	总平面图、园林景观施工图、室外市政管网图及相关深化设计图	室外工程专业分包、安装专业分包、园林景观绿化专业分包及相关深化设计图等招标完成	施工图纸及深化设计图审核、施工方案审批	—	
		-20	137	1	正式供水	工期	20	市政用水供至加压泵房或计量水表，随时具备使用或计量条件				—	
		-30	138	1	正式供气	工期	30	通气至调压站、商铺厨房内管道完成至计量表				—	
		-20	139	1	正式通信	工期	20	电信机房安装完成、外部光纤接入机房，具备电话开通条件				—	
		-40	140	1	正式供电	工期	60	外电通电至闭所，送电至地下室设备房。竣工验收前3个月完成				—	

续表

阶段	类别（关键线路工期）	穿插时间(d)	编号	管控级别	业务事项	节点类别	参考周期(d)	标准要求	设计单位前置条件	采购单位前置条件	建设单位前置条件	参考案例	备注
施工阶段（798d）	室外及市政配套工程（90d）	-30	141	2	景观及泛光照明样板段施工	工期	30	完成景观树形、冠形选择，硬质铺装样板段施工完成（样板段应包括所有材质铺装、典型花坛等代表性构件），铺装范围内应包含标志性花坛或景观造型一处				—	非关键线路
		-30	142	2	室外基层、室外道路	工期	30	主要为景观工程硬质铺装层、消防道路基层、广场垫层等基层材料施工完成	总平面图、园林景观施工图、室外市政管网图及相关深化设计图	室外工程专业分包，安装专业分包，园林景观绿化专业分包及相关等招标完成	施工图纸及深化设计图审核、施工方案审批	—	非关键线路
		-20	143	2	海绵城市	工期	20	施工完成、验收合格				—	非关键线路
		-20	144	1	室外栏杆的安装	工期	20	室外栏杆及收边完成				—	
		-50	145	2	景观绿化	工期	90	乔木种植完成，所有苗木、地被种植完成，小品、雕塑安装完成				—	
		-20	146	2	室外景观泛光照明	工期	30	广场硬质铺装、广场夜景照明安装调试完成				—	
		-10	147	2	导向标识	工期	20	完成与消防有关的导视，完成所有导视标识安装调试				—	
		0	148	3	市政道路正式开通	工期	10	路面沥青粗油完成，具备通车条件，沥青面层完成				—	
验收阶段（38d）	过程分阶段验收（23d）	-1	149	1	地基与基础验收	取证验收	1	取得相关验收合格单	提供相关验收报告	—	提供相关验收报告	—	
		-2	150	1	主体结构验收	取证验收	3	取得相关验收合格单				—	

续表

阶段	类别（关键线路工期）	穿插时间（d）	编号	管控级别	业务事项	节点类别	参考周期（d）	标准要求	设计单位前置条件	采购单位前置条件	建设单位前置条件	参考案例	备注
验收阶段（38d）	过程分阶段验收（23d）	-1	151	2	幕墙子分部验收	取证验收	1	取得相关验收合格单	提供相关验收报告		提供相关验收报告	—	
		-1	152	2	钢结构子分部验收	取证验收	1					—	
		-4	153	2	人防结构专项验收	取证验收	4					—	
		-1	154	2	市政管网验收	取证验收	1					—	
		0	155	2	锅炉房验收	取证验收	15					—	
		0	156	2	防雷验收	取证验收	15					—	
		-10	157	2	规划验收	取证验收	10			—		—	
		-20	158	2	节能验收	取证验收	20					—	
		-1	159	2	环境验收	取证验收	1					—	
		-15	160	1	安防验收	取证验收	15					—	
		-29	161	1	消防验收（大证）	取证验收	30					—	
		-10	162	2	竣工预验收	取证验收	10					—	

续表

阶段	类别（关键线路工期）	穿插时间（d）	编号	管控级别	业务事项	节点类别	参考周期（d）	标准要求	设计单位前置条件	采购单位前置条件	建设单位前置条件	参考案例	备注
验收阶段（38d）	过程分阶段验收（23d）	-20	163	3	竣工预验收整改	取证验收	20	取得相关验收合格单	提供相关验收报告	—	提供相关验收报告	—	
		0	164	2	提交《竣工验收申请报告》	取证验收	1						
		0	165	2	正式竣工验收	取证验收	5						
	备案移交（15d）	-1	166	2	备案、档案馆资料正式移交	工期	1	档案馆资料正式接收	提供相关审图报告	—	提供国有土地使用权证、建设用地规划许可证、建设工程规划许可证等、监理单位验收归档资料	—	地方档案馆
		0	167	1	工程移交	工期	15	正式移交建设单位或其相关部门，书面会签完成	—	—	—	—	使用单位

2.3 设计组织

2.3.1 项目设计团队组织架构（合作设计单位）

医疗类建筑设计和设计管理团队需选择具有大型 EPC 项目丰富设计和设计管理经验的人员组成本工程的设计团队，人员从设计单位（含合作设计单位、设计管理总院、二级独立法人公司设计院）、各二级单位设计管理部或技术中心选派，团队组织架构如图 2.3.1-1 所示。

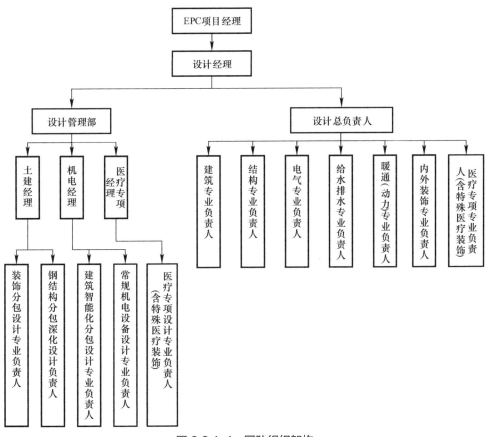

图 2.3.1-1　团队组织架构

各岗位人员任职资格参见附件。

2.3.2 设计阶段划分和工作总流程

医疗类建筑设计阶段划分与设计工作总流程，与每一个阶段参与设计工作的主要专业详见图 2.3.2-1，其中灰底色节点为与设计、施工联系密切的建设单位工作内容。

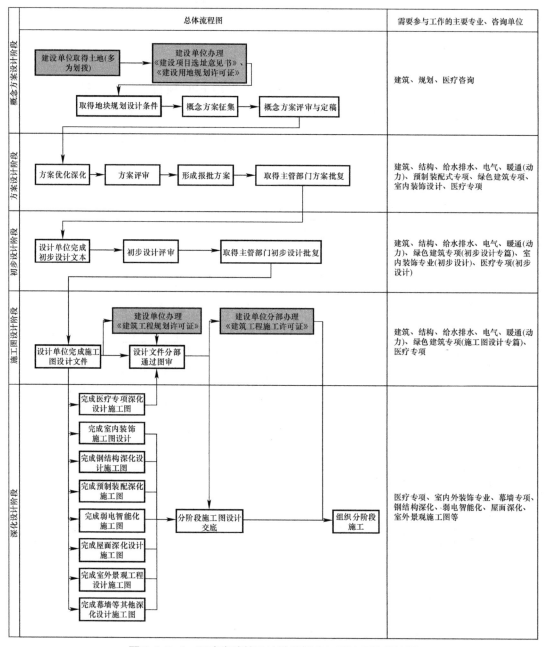

图 2.3.2-1　医疗类建筑设计阶段划分与设计工作总流程

2.3.3　EPC 模式下施工图提交工作流程

EPC 模式下施工图提交工作流程如图 2.3.3-1 所示。

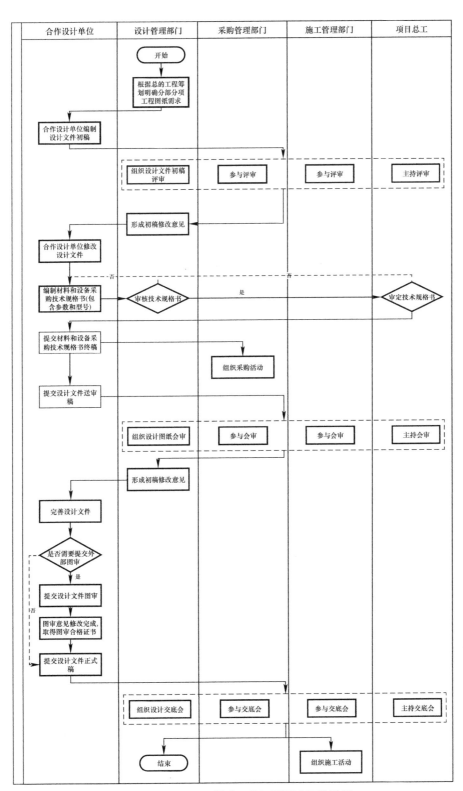

图 2.3.3-1 EPC 模式下施工图提交工作流程

管理过程的相关要求如下：

（1）提交各节点的分部施工图图纸和开始施工之间要留足时间，以满足采购和备料加工的相关要求。

（2）各分包单位需提前介入。

（3）设计文件初稿审查阶段必须优先解决关键材料和设备的选型问题。

（4）设计文件送审之前需出具材料和设备技术规格书，包含材料和设备的参数以及型号，以满足采购、备料、加工的要求。出具了正式的技术规格书以后，不应再轻易改变。

2.4 采购组织

2.4.1 采购组织机构

采购组织机构基于"分级管理、公平公开公正、程序规范、诚信履约、强制参与、绿色采购"的原则，实施"三级管理制度"（公司层、分公司层、项目层），涵盖全采购周期的组织机构，从根本上保障采购管理工作有序开展。公司层级以决策为主，分公司层级以组织招采为主，项目层级以协助完成招采全周期工作为主。采购组织机构见图2.4.1-1。

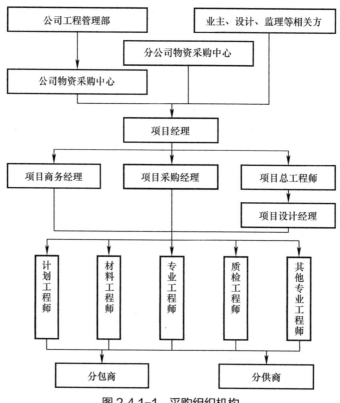

图 2.4.1-1　采购组织机构

2.4.2　岗位及职责

采购组织机构岗位及职责划分见表 2.4.2-1。

采购组织机构岗位及职责　　　　　　　　　　　表 2.4.2-1

序号	层级	岗位	主要职责
1	公司层	总经理	对采购工作结果进行最终决策
2	公司层	总经济师	对采购工作过程进行组织、审核、上报
3	公司层	物资部经理	1）组织编制采购计划。 2）协调企业内、外采购资源整合。 3）审批招标文件、物资合同等相关招采事项
4	分公司层	经理	对分公司权限内的采购工作结果进行最终决策
5	分公司层	总经济师	对采购工作过程进行组织、审核、上报及在权限内对采购结果进行审批
6	分公司层	物资部经理	1）组织考察供应商、采购资源整合。 2）牵头组织招采工作。 3）监督项目物资工作开展和采购计划落地实施情况
7	项目层	项目经理	1）负责落实采购人员配备。 2）协调落实采购计划。 3）对接发包方成本分管领导。 4）协调设计、采购、施工体系联动
8	项目层	总工程师	1）负责对物资招采提供技术要求。 2）负责物资招标过程中的技术评标和技术审核。 3）负责完成大型机械设备的选型和临建设施的选用。 4）协助合同履行及物资验收工作
9	项目层	商务经理	1）负责物资预算量的提出。 2）负责物资招采控制价的提出。 3）参与物资采购计划编制。 4）负责合同外物资的发包方认价。 5）负责物资三算对比分析
10	项目层	设计经理	1）负责重要物资技术参数的入图。 2）负责对物资招采提供技术要求。 3）负责新材料、新设备的选用。 4）负责控制物资的设计概算。 5）负责物资的设计优化，提高采购效益
11	项目层	采购经理	1）配合分公司完成招采工作，负责项目部发起的招采工作。 2）负责完成采购计划的编制和过程更新，参与项目整体策划。 3）负责与设计完成招采前置工作，采购创新创效工作。 4）负责控制采购成本，严把质量关。 5）负责物资的节超分析，采购成本的盘点。

序号	层级	岗位	主要职责
11	项目层	采购经理	6）负责物资的发包方认价工作及物资品牌报批。 7）负责组织编制主要物资精细化管理制度、项目物资管理制度，参与总承包管理手册编制。 8）定期组织检查现场材料耗用情况，杜绝浪费和丢失现象；贯彻执行上级物资管理制度，制定、完善并落实项目部物资管理实施细则。 9）负责协调分区项目部物资工作，制订具体人员分工，全面掌控物资管理工作。 10）负责及时提供工程物资市场价格，为项目标价分离提供依据。 11）配合或参与公司/分公司物资集中招标采购，组织物资采购/租赁合同在项目部的评审会签及交底，建立项目部物资合同管理台账。 12）负责组织物资人员配合商务经理做好对发包方的材料签证工作，按时向商务经理、成本会计提供成本核算及成本分析所需的数据资料。 13）负责监管项目整体物资的调剂及调拨工作。 14）负责监督信息化平台上线及录入工作。 15）负责监督整个项目物资统计工作，以及计划、报验、报表、信息系统上传、资料整理归档。 16）配合技术质量部门完成施工组织设计、施工方案。 17）组织项目剩余废旧物资的调剂、处理工作。 18）负责组织整个项目所有材料进场、验证、现场管理、退场工作，做好整体管控工作，参加项目物资月度、半年、年度盘点，负责审核分区材料工程师编制的各种报表资料
12	项目层	材料工程师	1）按照物资采购计划，合理安排物资采购进度。 2）参与物资的招采工作，收集分供方资料和信息，做好分供方资料报批的准备工作。 3）负责物资的催货和提运。 4）负责施工现场物资堆放、物资储运和协调管理。 5）负责物资的盘点和进出场管理。 6）负责对分包商的物资管控。按规定建立物资台账，负责进场物资的验证和保管工作。 7）负责进场物资的标识。 8）负责进场物资各种资料的收集保管。 9）负责进退场物资的装卸运工作。贯彻执行上级物资管理制度，制定、完善并落实分管区域的物资管理实施细则。 10）参与项目整体策划及物资管理策划。 11）参与公司/分公司物资集中招标采购，组织物资采购/租赁合同在项目部的评审会签及交底。 12）负责向商务经理、成本会计提供成本核算及成本分析所需的数据资料。 13）负责监督分管区域物资统计工作，以及计划、报表、信息系统上传、资料整理归档及交接记录工作。 14）负责组织分管区域所有材料进场、验证、现场管理、退场工作，做好整体管控工作，参加项目物资月度、半年、年度盘点，负责审核材料工程师编制的各种物资盘点资料
13	项目层	计划工程师	1）负责工期总计划编制和更新，结合工期节点，制订物资进场时间节点。 2）负责物资需用计划编制。 3）负责物资进场计划的管控。 4）配合采购经理完成采购计划编制和过程更新

续表

序号	层级	岗位	主要职责
14	项目层	专业工程师	1）负责物资需用计划编制。 2）辅助编制采购计划，并满足工程进度需要。 3）负责物资签订技术文件的分类保管，立卷存查
15	项目层	质检工程师	1）负责按规定对本项目物资的质量进行检验，不受其他因素干扰，独立对产品做好放行或质量否决，并对其决定负直接责任。 2）负责产品质量证明资料评审，填写进货物资评审报告，签章认可后，方可投入使用
16	项目层	其他专业工程师	1）参与大型起重设备、安全等特殊物资的招采工作。 2）参与大型起重设备、安全等特殊物资的验收

2.4.3　材料设备采购总流程

材料设备采购总流程见图 2.4.3-1。

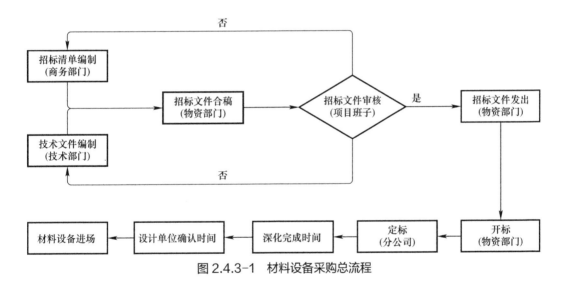

图 2.4.3-1　材料设备采购总流程

2.4.4　总包方的招标采购

1. 医院特有材料、设备的招标采购（表 2.4.4-1）

（1）目的：为进一步规范物资管理运行机制，实现物资全过程管理的标准化、制度化，做好资源供应保障，合理降低材料成本，增加经济效益。

（2）管理原则：物资管理坚持"依法合规、分级管理、精益管控、价值创造"的原则。

（3）精益管控的要点：在建设过程中充分考虑到施工中材料受价格浮动、环保检查、材料供货等的影响，主体结构原材料、幕墙材料、医疗专业材料、精装专业材料、大空间吊顶、医疗设备等重要材料设备要根据施工进度提前进行招采工作。

医院工程常用特殊材料　　　　表 2.4.4-1

序号	施工阶段	材料类别	材料名称	分类	加工周期（d）	以往项目采购品牌	厂家	使用工程名称	采购数量
1	主体阶段	混凝土	耐根穿刺防水卷材	A	—	东方雨虹	唐山东方雨虹防水技术有限责任公司	北京大学第一医院保健中心工程	1600m²
2		砌体	蒸压加气混凝土砌块	A	—	山东亚升	山东亚升新型建材有限公司	北京大学第一医院保健中心工程	41150块
3		人防工程	人防门	A	—	信成筑业	北京信成筑业人防工程防护设备有限公司	北京大学第一医院保健中心工程	68樘
4		钢结构	钢筋桁架楼承板	A	—	多维联合	北京多维联合集团香河建材有限公司	北京大学第一医院保健中心工程	10324m²
5	安装阶段	内装饰	大理石	A	—	泉州裕森	泉州裕森石材有限公司	北京大学第一医院保健中心工程	576m²
6			聚酯粉末喷涂铝单板	A	—	河南鑫尔美	河南鑫尔美吊顶墙板有限公司	北京大学第一医院保健中心工程	3000m²
7			阻燃胶合板	A	—	山东宏升	山东宏升木业有限公司	北京大学第一医院保健中心工程	1350张
8			诺拉橡胶地板	A	—	诺拉建材	诺拉建筑材料（上海）有限公司	北京大学第一医院保健中心工程	13000m²
9			至尊橡胶地板	A	—	钟灵迪升	北京钟灵迪升建材技术有限公司	北京大学第一医院保健中心工程	11000m²
10		外装饰	外墙陶板	A	—	乐普陶板	福建省乐普陶板制造有限公司	北京大学第一医院保健中心工程	11000m²
11		安装	电线电缆	A	28	上海胜华电气	上海胜华电气股份有限公司	北京大学第一医院保健中心工程	56000m
12			灯具开关面板	A	15	百分百照明	百分百照明科技有限公司	北京大学第一医院保健中心工程	5600套
13			风口风阀	A	30	中泰博瑞	北京中泰博瑞机电设备有限公司	北京大学第一医院保健中心工程	876套
14			风机盘管	A	30	纪新泰富	北京纪新泰富机电技术股份有限公司	北京大学第一医院保健中心工程	789套
15			水泵	A	45	日科腾光	北京日科腾光机电设备有限公司	北京大学第一医院保健中心工程	88台
16			空调机组	A	60	淄博欧博	淄博欧博空调销售有限公司	北京大学第一医院保健中心工程	30台
17			冷水机组	A	60	瑞森韦尔	北京瑞森韦尔自控设备有限公司	北京大学第一医院保健中心工程	3台

续表

序号	施工阶段	材料类别	材料名称	分类	加工周期（d）	以往项目采购品牌	厂家	使用工程名称	采购数量
18	安装阶段		普通风机	A	45	北京天颢	北京天颢机电设备有限公司	北京大学第一医院保健中心工程	121 台
19		重晶石混凝土	重晶石混凝土	A	15	—	北京中超混凝土有限公司	北京协和医院转化楼	744m³
20		门窗	防火门	A	60	—	霍曼（北京）贸易有限公司	北京协和医院转化楼	770 樘
21			钢质门	A	60	—	霍曼（北京）贸易有限公司	北京协和医院转化楼	1472 樘
22			重型防护门	A	60	—	华克医疗科技（北京）股份公司	北京协和医院转化楼	11 樘
23			防护门	A	15	—	华克医疗科技（北京）股份公司	北京协和医院转化楼	220 樘
24			防护窗	A	15	—	华克医疗科技（北京）股份公司	北京协和医院转化楼	28 个
25			传递窗	A	15	—	华克医疗科技（北京）股份公司	北京协和医院转化楼	15 个
26		墙面装饰板	树脂板	A	20	—	北京康洁佳业医疗装备有限公司	北京协和医院转化楼	10000m²
27			纤维板	A	20	—	北京康洁佳业医疗装备有限公司	北京协和医院转化楼	8000m²
28		人防工程	人防门	A	45	—	北京力擎人防设备有限公司	北京协和医院转化楼	48 樘
29		外装饰	玻璃	A	20	—	盛成亚源节能科技有限公司	北京协和医院转化楼	6000m²
30			阳极氧化铝单板	A	25	—	浩瑞达（唐山）装饰材料有限公司	北京协和医院转化楼	4000m²
31			石材	A	25	泉升石材	泉升石材（香河）有限公司	北京协和医院转化楼	10000m²
32		给水排水	消防箱	A	30	—	—	北京协和医院转化楼	180 只
33		电气	精装灯具、开关、插座	A	20	—	—	北京协和医院转化楼	8000 个
34		重晶石混凝土	重晶石混凝土	A	15	北京浩然	北京浩然混凝土有限公司	北京大学第一医院城南院区工程	2800m³

续表

序号	施工阶段	材料类别	材料名称	分类	加工周期(d)	以往项目采购品牌	厂家	使用工程名称	采购数量
35		人防工程	人防门	A	45	华龙兴昌	北京华龙兴昌人防工程防护设备有限公司	北京大学第一医院城南院区工程	258樘
36			陶土板	A	30	亚厦幕墙	浙江亚厦幕墙有限公司	北京大学第一医院城南院区工程	40247m²
37	安装阶段	幕墙工程	铝板	A	20	亚厦幕墙	浙江亚厦幕墙有限公司	北京大学第一医院城南院区工程	35623m²
38			拼窗	A	60	亚厦幕墙	浙江亚厦幕墙有限公司	北京大学第一医院城南院区工程	16908m²
39			采光顶	A	50	亚厦幕墙	浙江亚厦幕墙有限公司	北京大学第一医院城南院区工程	3971m²
40			雨棚及其他	A	50	亚厦幕墙	浙江亚厦幕墙有限公司	北京大学第一医院城南院区工程	5606m²

2. 材料、设备采购前的注意事项

（1）合同清单内限定品牌的任何材料，在招标采购前都要进行识别，并决定是否变更。

（2）特别是各类装饰材料，比如石材、真石漆、面砖、吊顶板等，必须在招标采购前取得业主、设计、监理的封样认可。

3. 特殊设备、材料的招标采购（表2.4.4-2）

（1）与常规材料和设备采购流程相同，特殊材料和设备的采购受到供应商交货周期（一般为3～6个月）影响，供货周期较长。

（2）主要是安装专业、净化专业、防护专业的特殊设备，如冷却塔、发电机组、制冷机组、锅炉、变配电设备、铅板、电解板、防护门等。

（3）上述设备、材料招标采购前，首先要进行厂家的参数咨询，取得设计与业主认可后，方能进行下一步工作。

（4）注意事项：时间要越早越好，最好在开工的时候就启动调研、考察、咨询、招标、订货、采购。

4. 单一材料、定制材料、设备采购

单一材料、定制材料、设备多为发包方指定类或垄断类材料、设备。此类材料和设备的采购根据项目进度由二级单位的合约商务部、采购管理部牵头组织，成立谈判小组。按要求确定竞争性谈判时间，必须保证在签订合同后即可进场实施。

医院工程医疗专业特殊设备、材料　　　　　表 2.4.4-2

序号	施工阶段	设备类别	设备名称	分类	采购周期（d）	以往项目采购品牌	厂家	使用工程名称	采购数量
1	安装阶段	电梯	货梯	A	60	蒂森	北京中建英杰机电安装有限公司	北京协和医院转化楼	2 台
2			直梯	A	120	蒂森	蒂森电梯有限公司	北京大学第一医院保健中心工程	20 台
3					90	蒂森	北京中建英杰机电安装有限公司	北京协和医院转化楼	20 台
4					90	—	北京龙臣广日机电设备有限公司（供货）、北京中迅龙臣设备安装有限公司（安装）	北京大学第一医院城南院区工程	54 台
5									
6			扶梯	A	90	—	北京龙臣广日机电设备有限公司（供货）、北京中迅龙臣设备安装有限公司（安装）	北京大学第一医院城南院区工程	36 台
7									
8					180	蒂森	北京中建英杰机电安装有限公司	北京协和医院转化楼	12 台
9									
10									
11									
12		电气	高低压柜	A	50	ABB	大航有能电气有限公司	北京协和医院转化楼	99 套
13		暖通	制冷机组	A	60	约克	北京约克机电设备有限公司	北京协和医院转化楼	3 套
14									
15									

2.4.5　建设方的招标采购

重点要列出需业主招标采购的清单；特别是医疗设备，考虑大型医疗设备进场的安装工作是否影响工期（表 2.4.5-1）。

业主招标采购清单　　　　　表 2.4.5-1

设备材料	主要房间/部位等	开始施工时间	参数图纸确定时间	当前状态	开始招标建议时间	进场准备/深化时间
高压氧舱	高压氧舱	结构出 ±0.000	招标阶段	施工图阶段	施工图报审通过	施工单位进场
真空泵	真空泵房	负一层主体施工时	招标阶段	施工图阶段	挖完土方	施工单位进场
各大型医疗设备	放射科	结构出 ±0.000	招标阶段	施工图阶段	挖完土方	施工单位进场

续表

设备材料	主要房间 /部位等	开始施工时间	参数图纸确定时间	当前状态	开始招标建议时间	进场准备 / 深化时间
直线加速器	直线加速器	底板施工时	招标阶段	施工图阶段	挖完土方	施工单位进场
操作台等	检验科等	检验科施工单位进场后 4~5 个月	招标阶段	施工图阶段	结构出 ±0.000	检验科施工单位进场
消毒设备等	供应中心	供应室施工单位进场后 4~5 个月	招标阶段	施工图阶段	结构出 ±0.000	供应室施工单位进场
医疗器械	手术室	手术室施工单位进场后 6 个月	招标阶段	施工图阶段	结构出 ±0.000	手术室施工单位进场
空气净化设备等	手术室等	手术室施工单位进场后 4~5 个月，要求机组基础、机房防水保护层做好	招标阶段	施工图阶段	结构出 ±0.000	手术室施工单位进场
橱柜等	病房等	—	—	—	—	—

2.4.6 专业分包的招标采购

在专业分包的招标采购方面，我们要做好的主要有如下几点。

1. 专业分包单位的选择

这个阶段是业主对专业分包进行招标的前期，我们需要研究总承包合同，并以总承包单位的名义对招标文件（图纸、清单、招标要求等）提出建设性的意见，起码是有利于我们的意见。

2. 专业分包的材料设备

在专业分包单位进场后，我们要做的就是在其招标采购前做好设计参数、外观效果的把关，减少我们的总承包责任风险；在精装修工程（多数情况下是专业分包单位）进行招标采购时，因为很多材料可与我们的进行对比，因此要与分包单位统一口径。

2.5 施 工 组 织

2.5.1 施工组织流程

见图 2.5.1-1。

2.5.2 施工进度控制

见图 2.5.2-1。

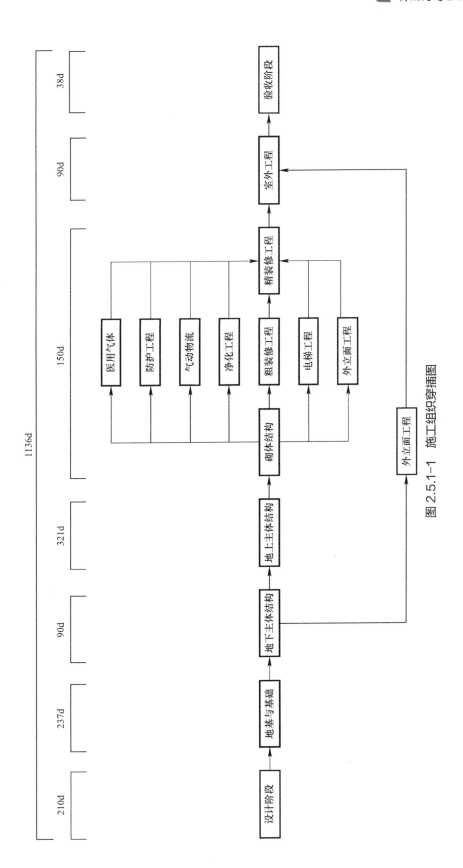

图 2.5.1-1 施工组织穿插图

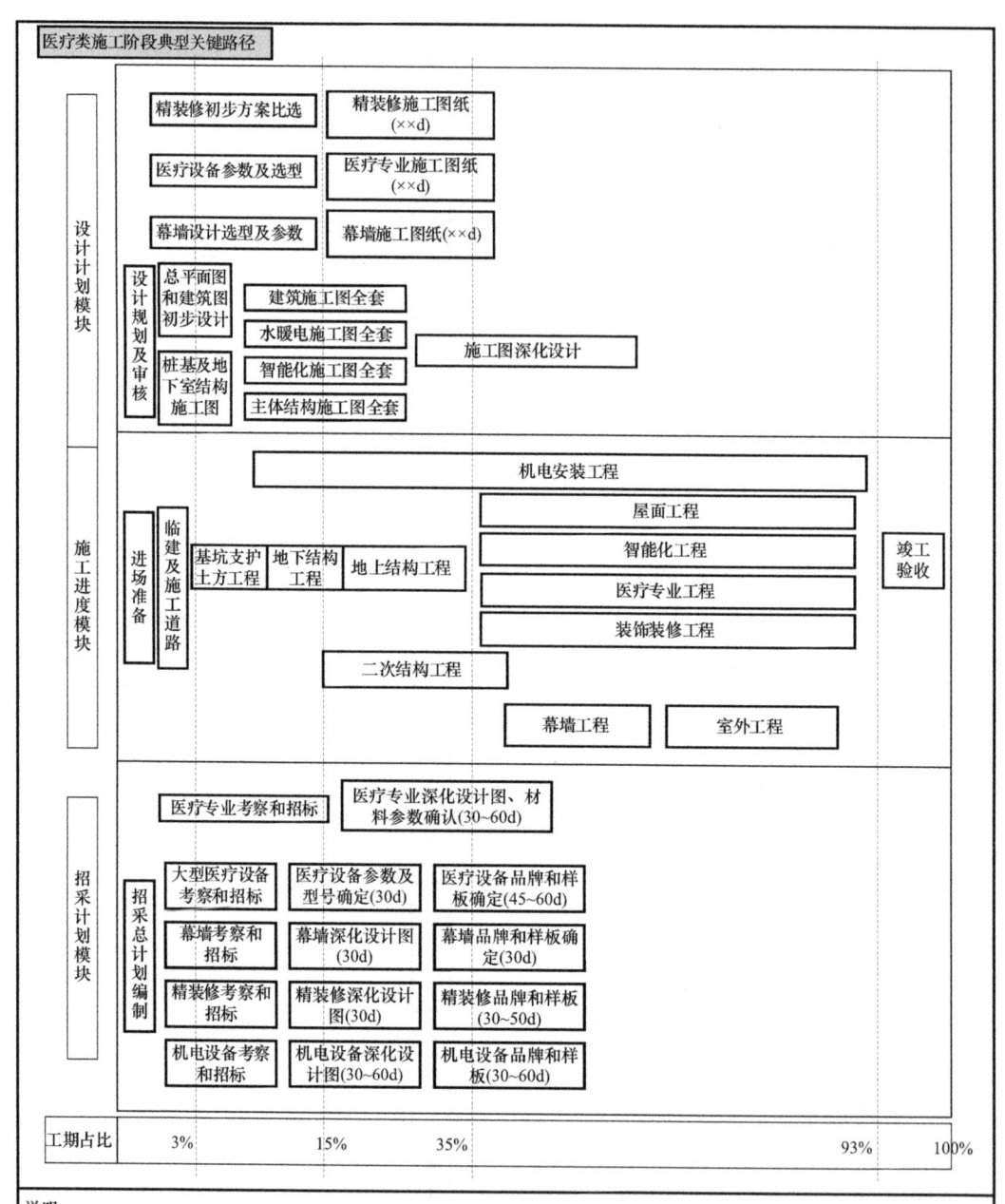

图 2.5.2-1 施工进度控制

2.6 协同组织

2.6.1 高效建造管理流程

1. 快速决策事项识别

项目管理快速决策是项目高效建造的基本保障,为了实现高效建造,梳理影响项目建设的重大事项,对重大事项的确定,根据项目的重要性实现快速决策,优化企业内部管理流程,降低过程时间成本。快速决策事项识别见表2.6.1-1。

快速决策事项识别   表2.6.1-1

序号	管理决策事项	公司	分公司	项目部
1	项目班子组建	√	√	
2	项目管理策划	√	√	√
3	总平面布置	√	√	√
4	重大分包商(主体队伍、钢结构、幕墙、医疗专项、精装修等)	√	√	√
5	重大方案的落地	√	√	√
6	重大招采项目(医疗设备、重大设备等)	√	√	√

注:相关决策事项需符合"三重一大"相关规定。

2. 高效建造决策流程

根据项目的建设背景和工期管理目标,企业管理流程适当调整,给予项目一定的决策汇报请示权,优化项目重大事项决策流程,缩短企业内部多层级流程审批时间。高效建造决策管理要求见表2.6.1-2。

高效建造决策管理要求   表2.6.1-2

序号	项目类别	管理要求	备注
1	特大项目	1)超大型医院(1200床以上)。 2)设立公司级指挥部,由二级单位(公司)领导班子担任总指挥,公司各部门领导、分公司总经理为指挥部成员。项目部经过班子讨论形成意见书,报送项目指挥部请示。 3)请示通过后,按照常规项目完善标准化各项流程。 4)为某种暴发性疾病进行准备,属于政治任务,社会影响大。 5)根据全局统计,合同工期小于同等规模医疗项目工期	项目意见书
2	重大项目	1)大型医院(600~1200床)。 2)设立分公司级指挥部,由三级单位领导班子担任总指挥,形成快速决策。 3)地区民生类医疗项目,当地影响力较大	
3	一般项目	1)一般医院(600床以下)。 2)不设立指挥部,项目管理流程按照常规项目管理	

特大项目：决策流程到公司领导班子，总经理牵头决策。特大项目决策流程见图 2.6.1-1。

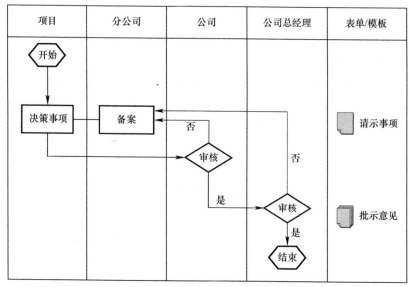

图 2.6.1-1　特大项目决策流程

重大项目：决策流程到分公司领导班子，分公司牵头决策。重大项目决策流程见图 2.6.1-2。

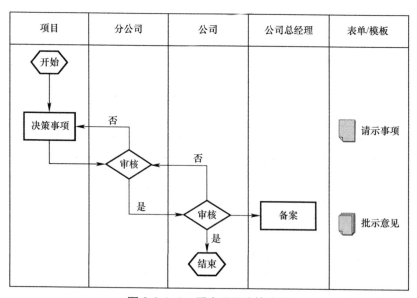

图 2.6.1-2　重大项目决策流程

一般项目：按照常规项目管理。

2.6.2 设计与施工组织协同

1. 建立设计管理例会制度

每周在设计单位至少召开一次设计例会,发包、勘察、设计、总包、监理等方参加,主要协调解决前期出图问题;设计图纸完成后,每周在工地现场召开一次设计例会,各参建方派代表参加,解决施工过程中的设计问题;预先将需解决的问题发至设计单位,以便其安排相关设计工程师参会。

2. 建立畅通的信息沟通机制

建立设计管理交流群,设计与现场工作相互协调;设计应及时了解现场进度情况,为现场施工创造便利条件;现场应加强与设计的沟通与联系,及时反馈施工信息,快速推进工程建设。

3. BIM 协同设计及技术联动应用制度

为最大限度地解决好设计碰撞问题,总包单位前期组织建立 BIM 技术应用工作团队入驻设计单位办公,统一按设计单位的相关要求进行模型创建,发挥 BIM 技术的作用,提前发现有关设计碰撞问题,提交设计人员及时进行纠正。

施工过程中采取"总承包单位牵头,以 BIM 平台为依托,带动专业分包"的 BIM 协同应用模式,需覆盖土建、机电、钢构、幕墙、医疗专项及精装修等所有专业。

4. 重大事项协商制度

为控制好投资,做好限额设计与管理各项工作,各方应建立重大事项协商制度,及时对涉及重大造价增减的事项进行沟通、协商,对预算费用进行比较,确定最优方案,在保证投资总额的前提下,确保工程建设品质。

5. 顾问专家咨询制度

建立重大技术问题专家咨询会诊制度,对工程中的重难点进行专项研究,制订切实可行的实施方案;并对涉及结构与作业安全的重大方案实行专家论证,先谋后施,不冒进,不盲目施工,在确保质量安全的前提下狠抓工程进度。

2.6.3 设计与采购组织协同

1. 设计与采购沟通机制

设计与采购沟通机制见表 2.6.3-1。

2. 设计与采购协同流程

设计与采购协同流程见图 2.6.3-1。

3. 设计与采购选型协调

电气专业采购选型与设计协调内容见表 2.6.3-2。

设计与采购沟通机制   表 2.6.3-1

序号	项目	沟通内容
1	材料、设备的采购控制	通过现场的施工情况，物资采购部对工程中非常规的材料，提前调查市场情况，若市场上的材料不能满足设计及现场施工的要求时，与生产厂家联系，提出备选方案，同时向设计反馈实际情况，进行调整。确保设计及现场施工的顺利进行
2	材料、设备的报批和确认	对工程材料设备实行报批确认的办法，其程序为： 1）编制工程材料、设备确认的报批文件。施工单位事先编制工程材料、设备确认的报批文件，文件内容包括：制造（供应商）的名称、产品名称、型号、规格、数量、主要技术数据、参照的技术说明、有关的施工详图、使用在本工程的特定位置以及主要的特性等。 2）设计在收到报批文件后，提出预审意见，报发包方确认。 3）报批手续完毕后，发包、施工、设计和监理等方各执一份，作为今后进场工程材料、设备质量检验的依据
3	材料样品的报批和确认	按照工程材料、设备报批和确认的程序实施材料样品的报批和确认。材料样品报发包、监理、设计等方确认后，实施样品留样制度，将样品注明后封存至样品留置室，为后期复核材料质量提供依据

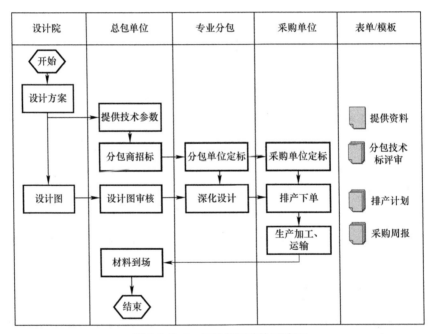

图 2.6.3-1　设计与采购协同流程

电气专业采购选型与设计协调   表 2.6.3-2

序号	校核项	专业沟通
1	负荷校核（包括电压降）	1）根据电气系统图与平面图列出图示所有回路的如下参数：配电箱/柜编号、回路编号、电缆/母线规格、回路负载功率/电压。 2）向电缆/电线/母线供应商收集电缆的载流量、每公里电压降、选取温度与排列修正系数。 3）对于多级配电把所有至末端的回路全部进行计算，得到最不利的一条回路核对电压降是否符合要求，如果电压降过大，采用增大电缆规格来减少电压降

续表

序号	校核项	专业沟通
2	桥架规格	1）根据负荷计算出所有电缆规格，对应列出电缆外径。 2）对每条桥架内的电缆截面积进行求和计算，计算出桥架的填充率（电力电缆不大于 40%，控制电缆不大于 50%），同时要根据实际情况进行调整。 3）线槽内填充率：电力电缆不大于 20%
3	配电箱 / 柜断路器校核	1）断路器的复核：利用负荷计算表的数据，核对每个回路的计算电流，是否在该回路断路器的安全值范围内。 2）变压器容量的复核：在所有回路负荷计算完成后，进行变压器容量的复核。 3）配电箱 / 柜尺寸优化（合理优化元件排布、配电箱进出线方式等）。 4）复核有源滤波柜规格、型号，满足医疗设备需求
4	照明回路校核	1）根据电气系统图与平面图列出图示所有回路的如下参数：配电箱 / 柜编号、回路编号、电缆 / 母线规格、回路负载功率 / 电压。 2）根据《民用建筑电气设计标准》GB 51348 中的用电负荷选取需要系数，按相关计算公式计算出电压降及安全载流量是否符合要求
5	电缆优化	1）根据电气系统图列出图示所有回路的参数：如电缆 / 母线规格等。 2）向电缆 / 母线供应商收集载流量、选取温度与排列修正系数。 3）电缆连接负载的载荷复核。 4）根据管线综合排布图进行电缆敷设路由的优化
6	灯具照度优化	应用 BIM 技术对多种照明方案进行比对后，重新排布线槽灯的布局，选择合理的排布方式，确定最优照明方案，确保照明功率以及照度、外观满足使用要求，符合绿色建筑标准。同时，复核病房内照明色温、照度，应选用柔和型光源

给水排水专业采购选型与设计协调内容见表 2.6.3-3。

给水排水专业采购选型与设计协调 　　　　　　　　　　表 2.6.3-3

序号	校核参数	专业沟通
1	生活给水泵扬程	1）根据轴测图选择最不利配水点，确定计算管路，若在轴测图中难以判定最不利配水点，则同时选择几条计算管路，分别计算各管路所需压力，其最大值即为建筑内给水系统所需压力。 2）根据建筑的性质选用设计秒流量公式，计算各管段的设计秒流量值。 3）进行给水管网水力计算，在确定各计算管段的管径后，对采用下行上给式布置的给水系统，计算水表和计算管路的水头损失，求出给水系统所需压力 H。给水管网水头损失的计算包括沿程水头损失和局部水头损失两部分。 4）纯水设备处给水水压应不低于 0.3MPa，管径不应小于 50mm
2	排水流量和管径校核	1）轴测图的绘制：根据系统流程图、平面图上水泵管道系统的走向和原理大致确定最不利环路，并根据 Z 轴 45° 方向长度减半的原则绘制出管道系统的轴测图。 2）根据建筑的性质选用设计秒流量公式，计算各管段的设计秒流量值。 3）计算排水管网起端的管段时，因连接的卫生器较少，计算结果有时会大于该管段上所有卫生器排水流量总和，这时应按该管段所有卫生器具排水流量的累加值作为排水设计秒流量。 4）在高温灭菌锅处设置独立排水系统（管径不小于 100mm），直接排至水处理设备，同时应采用耐高温材质。 5）室外污水管线施工完成后应采用 CCTV 试验法验收

续表

序号	校核参数	专业沟通
3	雨水量计算	1）暴雨强度计算应确定设计重现期和屋面集水时间两个参数。本项目设计重现期取 5 年，屋面集水时间按 10min 计算。 2）汇水面积一般按"m²"计。对于有一定坡度的屋面，汇水面积不按实际面积而是按水平投影面积计算。窗井、贴近高层建筑外墙的地下汽车库出入口坡道，应附加其高出部分侧墙面积的 1/2。同一汇水区内高出的侧墙多于一面时，按有效受水侧墙面积的 1/2 折算汇水面积。 3）雨水斗泄流量需确定参数：雨水斗进水口的流量系数、雨水斗进水口直径、雨水斗进水口前水深
4	热水配水管网计算	1）热水配水管网的设计秒流量可按生活给水（冷水）设计秒流量公式进行计算。 2）卫生器具热水给水额定流量、当量、支管管径和最低工作压力同给水规定
5	消火栓水力计算	1）消火栓给水管道中的流速一般以 1.4～1.8m/s 为宜，不允许大于 2.5m/s。 2）消防管道沿程水头损失的计算方法与给水管网计算相同，局部水头损失按管道沿程水头损失的 10% 计算
6	水泵减振设计计算	1）当水泵确定后，设计减振系统形式采用惯性块＋减振弹簧组合方式。 2）减振系统的弹簧数量以采用 4 个或 6 个为宜，但实际应用中每个受力点的受力并不相等，应根据受力平衡和力矩平衡的原理计算每个弹簧的受力值，并根据此数值选定合适的弹簧及计算出弹簧的压缩量，以尽量保证减振系统中的水泵在正常运行时是水平姿态
7	虹吸雨水深化	1）对雨水斗口径进行选型设计，对管道的管径进行选型设计。 2）雨水斗选型后，对系统图进行深化调整，管材性质按原图纸不变

暖通专业采购选型与设计协调内容见表 2.6.3-4。

暖通专业采购选型与设计协调　　　　　　　　　　　　　表 2.6.3-4

序号	校核参数	校核过程
1	空调循环水泵的扬程	1）轴测图的绘制：根据系统流程图、平面图上水泵管道系统的走向和原理大致确定最不利环路，并根据 Z 轴 45° 方向长度减半的原则绘制出管道系统的轴测图。 2）编号和标注：有流量变化的点必须编号，有管径变化或有分支的点必须编号，设备进出口有独立编号。编号的目的是为计算时便于统计相同管径或流量的段内的管道长度、配件类别和数量并便于使用统一的计算公式
2	空调机组／送风机／排风机机外余压校核	1）计算表须表示或者包含以下内容： ①管段编号； ②管段内详细的管线、管配件、阀配件的情况（型号及数量）； ③实际管段的流速； ④根据雷诺数计算直管段阻力系数 λ 或查表确定 λ，计算出比摩阻； ⑤计算直管段摩擦阻力值（沿程阻力）； ⑥查表确定管配件或阀件、设备的局部阻力系数或当量长度； ⑦汇总管段内的阻力。 2）计算中可能涉及一些串接在系统中的设备的阻力取值，例如消声器、活性炭过滤器等，须按照实际选定厂家给定的值确定
3	空调循环水泵的减振设计校核	1）当空调循环水泵确定后，需要设计减振系统，减振系统形式采用惯性块＋减振弹簧组合方式。惯性块的质量取水泵质量的 1.5～2.5 倍，推荐为 2 倍，惯性块采用槽钢或 6mm 以上钢板外框＋内部配筋，然后浇筑混凝土，预埋水泵固定螺杆或者预留地脚螺栓安装孔，密度按 2000～2300kg/m³ 计算。

续表

序号	校核参数	校核过程
3	空调循环水泵的减振设计校核	2）当系统工作压力较大时，需要计算软接头处因内部压强引起的一对大小相等、方向相反的力对减振系统的影响。 3）端吸泵的进出口需要从形式设计上采取措施，使得进出口软接头位于立管上，这样系统内对软接头两侧管配件的推力会传递到减振惯性块上（下部）及弯头或母管上（下部）。 4）减振系统的弹簧数量以采用 4 个或 6 个为宜，但实际使用中每个受力点的受力并不相等，根据受力平衡和力矩平衡的原理计算每个弹簧的受力值，并根据此数值选定合适的弹簧及计算出弹簧的压缩量，以尽量保证减振系统中的水泵在正常运行时是水平姿态
4	锅炉烟囱的抽力校核	1）根据实际选定的锅炉设备的额定蒸发量/制热量、当地的燃气热值确定锅炉的烟气量，并由锅炉厂家给定烟气的排烟温度。 2）对于蒸汽锅炉，当需要安装烟气热回收装置时，按设计的温度计算，一般按照排烟温度 150~160℃ 考虑。 3）当有多台锅炉合用烟道时，按最不利的设备考虑烟气抽力和排烟阻力之间的关系
5	风管系统的消声器校核	1）对于噪声敏感区域，如办公室、商铺、公共走道等，需要考虑消声降噪措施，其中一个主要控制措施为控制区域内的风口噪声。风道风速已控制在合理范围的情况下，风口噪声主要为设备噪声的传递，为降低设备噪声对功能房间的影响，需要按设计要求选择合适的消声器。 2）根据设备噪声数据，结合管线具体走向、流速、弯头三通情况、房间内风口分布情况等计算出消声器需要具备的各频率下的插入损失值，并结合厂家的型号数据库选出消声器型号
6	室外冷却塔消声房的设计校核	1）冷却塔散热风扇需要具有 50Pa 的余量，这样即使冷却塔进排风回路附加了 50Pa 的消声器阻力值，也不影响冷却塔的散热能力。 2）根据冷却塔噪声数据，计算冷却塔安装区域到最近的敏感区域的影响，并计算出当达到国家规定的环境噪声标准时需要设置的消声器的消声量，然后据此选出厂家对应型号。 3）为保证气流经消声器的阻力不大于 50Pa，控制进风气流速度不大于 2m/s。一般地，冷却塔设置在槽钢平台上，以使拼接后的冷却塔为一个整体。槽钢平台下设置大压缩量弹簧，建议压缩量为 75~100mm 范围的弹簧以提高隔振效率。弹簧为水平和垂直方向限位弹簧并有橡胶阻尼，防止冷却塔在大风、地震等恶劣天气下出现倾倒
7	防排烟系统风机压头计算	1）当一台排烟风机负责两个及以上防火分区时，风机风量是按最大分区面积 ×60m³/（h·m²）×2 确定的，但每个防烟分区内排烟量仍然是面积 ×60m³/（h·m²）。计算时选定了两个最不利防火分区并假定两个分区按设计状态运行，此时两个分区排烟量值一般是不大于排烟风机设计风量，但在两个分区汇总后的排烟总管，须按照排烟风机的设计风量进行计算。 2）楼梯加压及前室加压计算，需根据消防时开启的门的数量，保证风速计算，用门缝漏风量计算方法检验，取两者较大值
8	空调冷热水管的保温计算	1）厂家、材质、密度等不同的保温材料导热系数各异，如选用厂家材料与设计条件有偏离，需要进行保温厚度计算。 2）空调冷冻水一般采用防结露法计算，高温热水管道一般采用防烫伤法计算
9	空调机组水系统电动调节阀 CV 值计算及选型	当空调机组选定后，空调机组水盘管在额定流量下的阻力值由设备厂家提供，依据此压降数值，按照电动调节阀压降不小于盘管压降的一半确定阀门压降，按盘管额定流量计算出阀门流通能力，并根据这些数据，查厂家阀门性能表确定具体型号

智能化专业采购选型与设计协调内容见表 2.6.3-5。

智能化专业采购选型与设计协调　　　　表2.6.3-5

序号	校核参数	校核过程
1	桥架规格	1）把每条桥架内的电缆截面积进行求和计算，计算出桥架的填充率（控制电缆不大于50%），但也要根据实际情况进行调整。 2）线槽内填充率：控制电缆不大于40%
2	DDC控制箱校核	1）DDC控制箱元器件的复核：利用建筑设备监控系统点位表，核对每个DDC箱体内的模块数量，以及相应的AI、AO、DI、DO点个数，校核所配备的接线端子数量，并考虑一定的预留量。 2）DDC控制箱尺寸优化（合理优化元器件排布、DDC模块滑轨位置、DDC控制箱进出线方式等）
3	交换机规格校核	根据核心交换机所接入的交换机个数、交换容量、包转发率等参数信息，并考虑一定冗余，确定核心交换机的背板带宽、交换容量、包转发率等参数
4	视频监控存储优化	1）根据视频监控系统的存储要求，以及视频存储码流、存储时间等参数，计算出实际存储总容量。 2）考虑视频监控存储方式、热盘备份、存储空间预留等因素，确定合适的存储硬盘数量以及合理的视频存储方案
5	智能化设备强电配电功率优化	1）根据UPS末端设备确定UPS实际容量，并考虑一定的电量预留，确定强电配电功率。 2）根据LED大屏的屏体面积以及每平方米的平均功耗等参数，确定LED大屏的平均用电功率，考虑到屏体开机时的峰值功率约为平均功率的2倍，重新确定强电配电功率
6	与机电专业配合	智能化专业设计阶段应与电气、给水排水、电梯、暖通、消防等专业进行协调沟通： 1）信息插座附近需配置强电插座，便于后期使用。 2）楼控系统电表与机电专业设备接口吻合。 3）弱电井、弱电间、机房等接地设置齐全

2.6.4　采购与施工组织协同

2.6.4.1　材料、设备供应管理总体思路

为满足建造工期需要，现场短期内采购及安装的设备、材料种类及数量集中度高，且多为国内外知名品牌设备、材料。同时，受限于出图时间紧、工期节点紧、专门服务于医疗设备等客观因素，大量的设备、材料采购、供应、储存、周转工作难度大。因此，设备、材料的供应工作是项目综合管理的重要环节，是确保工程顺利施工的关键。

2.6.4.2　采购与施工管理组织

设备、材料供应管理人员组织机构见图2.6.4-1。

2.6.4.3　采购部门人员配备

（1）工程设备、材料涉及专业多，专业性强，供应量大，协调工作量大，为加大项目物资供应管理工作力度，除配置负责物资采购工作的负责人、材料设备采购人员、计划统

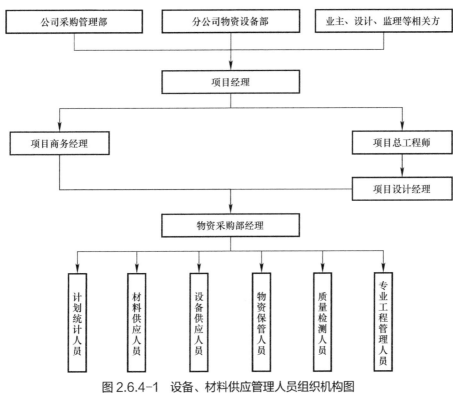

图 2.6.4-1 设备、材料供应管理人员组织机构图

计人员、质量检测人员以及物资保管人员以外，还针对发包方、其他分包商设备材料供应配备的相关协调负责人、协调管理人员（重点关注医疗设备），实行专人专职管理，全面做好本工程设备、材料供应工作。

（2）供应管理主要人员职责见表 2.6.4-1。

供应管理主要人员职责　　　　　　　　　　　　　　表 2.6.4-1

序号	名称	主要职责
1	物资采购部门负责人	1）严格执行招标投标制，确保物资采购成本，严把材料、设备质量关。 2）负责集采以外物资的招标采购工作。 3）定期组织检查现场材料的使用、堆放，杜绝浪费和丢失现象。 4）督促各专业技术人员及时提供材料计划，并及时反馈材料市场的供应情况，督促材料到货时间，向设计负责人推荐新材料，报设计、发包方批准材料代用。 5）负责材料、设备的节超分析，采购成本的盘点
2	设备、材料采购人员	1）按照设备、材料采购计划，合理安排采购进度。 2）参与大宗物资采购的招议标工作，收集分供方资料和信息，做好分供方资料报批的准备工作。 3）负责材料、设备的催货和提运。 4）负责施工现场材料堆放和物资储运、协调管理
3	计划统计人员	1）根据专业工程师的材料计划，编制物资需用计划、采购计划，并满足工程进度需要。 2）负责物资签订技术文件的分类保管，立卷存查

续表

序号	名称	主要职责
4	物资保管人员	1）按规定建立物资台账，负责进货物资的验证和保管工作。 2）负责进货物资的标识。 3）负责进场物资各种资料的收集、保管。 4）负责进退场物资的装、卸、运
5	质量检测人员	1）负责按规定对本项目材料、设备的质量进行检验，不受其他因素干扰，独立对产品做好放行或质量否决，并对其决定负直接责任。 2）负责产品质量证明资料评审，填写进货物资评审报告，出具检验委托单，签章认可，方可投入使用。 3）负责防护用品的定期检验、鉴定，对不合格品及时报废、更新，确保使用安全

2.6.4.4 材料、设备采购协同管理

材料、设备采购协同管理流程见图 2.6.4-2。

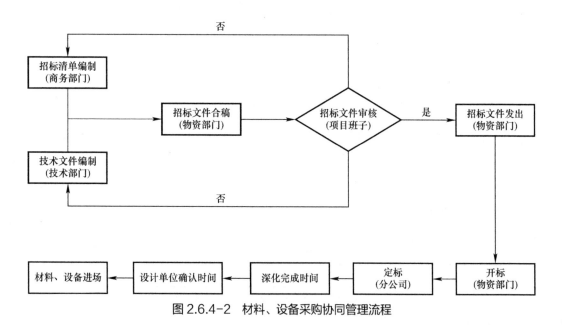

图 2.6.4-2 材料、设备采购协同管理流程

2.6.4.5 材料、设备采购管理制度

材料、设备采购管理制度见表 2.6.4-2。

材料、设备采购管理制度　　　　　　　表 2.6.4-2

序号	管理项目	主要管理制度
1	采购计划	按照施工总进度计划编制设备、材料到场计划，项目经理部应及时进行物资供货进度控制总结，包括设备、材料合同到货日期，供应进度控制中存在的问题及分析，施工进度控制的改进意见等

续表

序号	管理项目	主要管理制度
2	采购合同	供应合同的签订是一种经济责任，必须由供应部统一负责对外签订，其他单位（部门）不得对外签订合同，否则财务部拒绝付款
3	进货到场	签订合同的设备、材料由供应部门根据仓存和工程使用量情况实行分批进货。常用零星物资要根据需求部门的需求量和仓储情况进行分散进货，做到物资库存合理，数量品种充足、齐全
4	进场验收	设备、材料进场实行质检人员、物资保管人员、物资采购人员联合作业，对物资质量、数量进行严格检查，做到货板相符，把好设备、材料进场质量关
5	采购原则	采购业务工作人员要严格履行自己的职责，在订货、采购工作中遵循"货比三家"的原则，询价后报审核准供应商，不得私自订购和盲目进货。在重质量、遵合同、守信用、售后服务好的前提下选购物资，做到质优价廉。同时，要实行首问负责制，不得无故积压或拖延办理有关商务、账务工作
6	职业技能学习提高	为掌握瞬息万变的市场经济商品信息，如价格行情等，采购人员必须经常自觉学习业务知识，提高采购工作的能力，以保证及时、保质、保量地做好物资供应工作
7	遵守职业道德	物资采购工作必须始终贯彻执行有关政策法令，严格遵守公司的各项规章制度，做到有令即行，有禁即止。全体物资采购人员必须牢固树立发包主人翁思想，尽职尽责，在采购工作中做到廉洁自律、秉公办事、不谋私利

2.6.4.6　材料、设备采购管理

1. 材料、设备需用计划

针对工程所使用的材料、设备，各专业工程师需进行审图核查、交底，明确设备、材料的供应范围、种类、规格、型号、数量、供货日期、特殊技术要求等。物资采购部门按照供应方式不同，对所需要的物资进行归类，计划统计员根据各专业的需用计划进行汇总平衡，结合施工使用、库存等情况统筹策划。

设备、材料需用计划作为制订采购计划和向供应商订货的依据，应注明产品的名称、规格、型号、单位、数量、主要技术要求（含质量）、进场日期、提交样品时间等。对物资的包装、运输等方面有特殊要求时，应在设备、材料需用计划中注明。

2. 采购计划的编制

物资采购部门应根据本工程材料、设备需用计划，编制材料、设备采购计划报项目商务经理审核。物资采购计划中应有采购方式的确定、采购人员、候选供应商名单和采购时间等。物资采购计划中，应根据物资采购的技术复杂程度、市场竞争情况、采购金额以及数量多少确定采购方式：招标采购、邀请报价采购和零星采购。

3. 供应商的资料收集

按照材料、设备的不同类别，分别进行设备、材料供应商资料的收集，以备候选。候选供应商的主要来源如下：

（1）从发包方给定品牌范围内选其二，采购部门通过收集、整理、补充合格供应方的

最新资料，将供应商补充纳入公司《合格供应商名录》，供项目采购选择；

（2）从公司《合格供应商名录》中选择，并优先考虑能提供安全、环保产品的供应商；

（3）其他供应商（只有当《合格供应商名录》中的供应商不能满足工程要求时，才能从名录之外挑选其他候选者）。

4. 供应商的资格预审

招标采购供应商和邀请报价采购供应商均应优先在公司《合格供应商名录》中选择。如果参与投标的供应商或拟邀请的供应商不在公司《合格供应商名录》中，则应由项目物资采购部门负责进行供应商资格预审。供应商的资格预审要求见表2.6.4-3。

供应商资格预审要求

表2.6.4-3

序号	项目	具体要求
1	资格预审表填写	物资供应部门负责向供应商发放供应商资格预审表，并核查供应商填写的供应商资格预审表及提供的相关资料，确认供应商是否具备符合要求的资质能力
2	供应商提供资格预审相关资料核查	核查供应商提供的相关资格资料（应包括：供货单位的法人营业执照、经营范围、任何关于专营权和特许权的批准、经济实力、履约信用及信誉履约能力）
3	经销商的资格预审	对经销商进行资格预审时，经销商除按照资格预审表要求提供自身有关资料外，还应提供生产厂商的相关资料
4	其他要求	《合格供应商名录》内或本年度已进行过一次采购的供应商，不必再进行资格预审，但当供应商提供的材料、设备种类发生变化时，则要求供应商补充相关资料

供应商经资格预审合格后由物资采购部门汇总成"合格供应商选择表"，并根据对供应商提供产品及供应商能力的综合评价结果选择供应商。综合评价的内容根据供应商提供的产品对工程的重要程度不同而有所区别，具体规定见表2.6.4-4。

供应商综合评价表

表2.6.4-4

供应商类型	评价内容				
	考察	样品/样本报批	产品性能比较	供应商能力评价	采购价格评比
主要/重要设备	●▲	●▲	●▲	●▲	●▲
一般设备	△	○△	●▲	●▲	●▲
主要/重要材料	●▲	●▲	●▲	●▲	●▲
一般材料	○	○△	●▲	●▲	●▲
零星材料	○	△	●▲	△	●▲

注：●——必须进行的评价，○——根据合同约定和需要选用；

▲——必须保留的记录，△——该项评价进行时应保留的记录。

5. 考察

必要时，项目部在评价前对入选厂家进行现场实地考察。考察由物资采购负责人牵头组织，会同发包、监理方及相关部门有关人员参加。

考察的内容包括：服务于医疗系统的设备厂家的工程业绩，包括生产能力、产品品质和性能、原料来源、机械装备、管理状况、供货能力、售后服务能力、运输情况以及对供应厂家提供保险、保函的能力进行必要的调查等。

考察后，组织者将考察内容和结论写入"供应商考察报告"，作为对供应商进行能力评价的依据。

6. 报批审查

根据合同约定、发包方要求以及工程实际等情况，对于需要进行样品/样本审批的设备、材料，项目质量管理部应提前确定需求，并向项目采购人员提交样品/样本报批计划，明确需要报批物资的名称、规格、数量、报批时间等要求。

设备、材料采购人员负责样品/样本搜集与询价。收到样品/样本后，采购人员应填写样本/样品送审表并随样品/样本一起提交发包、监理和设计方办理审批。

7. 综合评价及供应商的确定

通过对资格预审情况、考察结果、样品/样本报批结果、价格与工程要求的比较，对供应商作出以下方面的评价：

（1）供应商和厂家的资质是否符合规定；

（2）产品的功能、质量、安全、环保等方面是否符合要求；

（3）价格是否合理（必要时应附成本分析）；

（4）生产能力能否保证工期要求；

（5）供应商提供担保的能力是否满足需要。

根据上述评价结果选出"质优价廉"者作为最终中标供应商。供应商的确定，由设备、材料采购部门提出一致意见，报项目经理批准，提交发包、监理等相关单位审查批准。

8. 签订采购合同

物资采购部门负责人在与供应商商谈采购合同（订单）时，应与供应商就采购信息充分沟通，并在采购合同（订单）中注明采购物资的名称、规格、型号、单位和数量、进场日期、技术标准、交付方式以及质量、安全和环保等方面的内容，规定验收方式以及发生问题时双方所承担的责任、仲裁方式等。

物资采购部门负责人负责组织合同拟订和会签工作。采购合同必须在公司商务管理部（物资管理部）提供的标准合同文本基础上，结合本工程进度、资金的实际情况进行编制。

签订合同前应主动征求有关部门和专业技术人员意见，确保采购物资符合质量要求；同时要对购货合同进行登记，便于办理提货及付款手续。根据设备、材料供应的计划，寻找供应商签订大宗设备、材料的供货合同，以保证大宗物资供应的稳定、可靠性。

采购合同需物资采购、技术质量、设计管理、工程、安全、商务、财务负责人会签。项目经理予以批准，并按照联签细则进行签署。

采购合同签订后，物资采购部门应将采购合同正本、采购合同审批会签单交商务合约部门保存，将采购合同副本（或复印件）发至项目部，并对项目部进行采购合同交底。此外，物资采购部门应保存一份采购合同副本。

9. 供应商生产过程中的协调、监督

为了保证本工程各种设备、材料及时、保质、保量供应到位，宜派出材料、设备监造人员，对部分重要设备、材料的生产或供应过程进行定期的跟踪协调和驻场监造。

10. 合理组织材料、设备进场

医疗项目大多工期紧，场地紧张，专业分包多，为避免相应施工进度的设备、材料延期或提前进场，导致现场场地空间布置混乱，需提前对材料堆放场地进行合理布置，根据施工总体进度要求，合理安排设备、材料分批进场，同时优先安排重点设备、材料进场，并及时就位安装施工。

3 高效建造技术

3.1 设计技术选型

3.1.1 建筑专业主要技术选型

3.1.1.1 洁净用房室内装饰概述

医疗建筑中需要净化的用房有供应中心、产科、新生儿科、重症监护病房、百级层流手术房等以及其他辅助区域。洁净类用房的室内装饰装修，包括地板、顶棚、墙壁等，材料需要实现功能要求和污染控制。其对材料选择的要求特点显著：室内表面应光滑、平整，不产尘、不吸尘、无死角、无缝隙，以易于表面冲洗、清洁与消毒。医疗建筑中不同用房洁净度要求不同，以下表格仅概括现行常用的材料对比。

3.1.1.2 洁净用房顶面材料（表 3.1.1-1）

顶棚材料的比较表
表 3.1.1-1

方案	原楼板 + 涂料	埃特板	铝塑板	彩钢板	铝质顶棚
典型做法	保留原有楼板，砂浆批灰，刮腻子，表面涂乳胶漆或其他涂料	设置轻钢或木龙骨，埃特板，表面涂料或贴面板	轻钢或木龙骨，10～15mm 大芯板铺底，表面粘贴铝塑板	轻钢吊杆，固定彩钢板	轻钢或木龙骨，扣带孔或不带孔的铝质顶棚
技术性能	无裂隙，表面光滑、平整，防火，耐热，但不耐冲洗，难以达到不产尘的要求，圆弧施工难度大	无裂隙，表面光滑、平整，防火，耐热，但不耐冲洗，难以达到不发尘的要求，圆弧施工难度大	不发尘，有裂隙，容易积尘，表面光滑、平整，防火，耐热，耐冲洗，但不耐腐蚀，圆弧施工难度大	无裂隙，表面光滑、平整，防火，耐热，隔热，耐冲洗，圆弧施工容易，耐腐蚀性能稍差	裂隙较多，表面光滑、平整，防火，耐热、不隔热，耐冲洗，但耐腐蚀性能差，难以达到不积尘的要求，圆弧施工难度大

续表

经济性能	耐久性较差，维护较难，造价为10~100元/m²	耐久性稍差，维护较难，造价为100~150元/m²	耐久性稍差，维护较难，造价为300~400元/m²	耐久性稍差，维护稍难，造价为100~150元/m²	耐久性稍差，维护稍难，造价为100~250元/m²
比较结果	不符合标准，不适宜使用	不符合标准，不适宜使用	不符合标准，不适宜使用	符合标准，推荐使用	不符合标准，不适宜使用

3.1.1.3　洁净用房墙面材料（表3.1.1-2）

墙壁（隔断）材料的比较表 表3.1.1-2

方案	原楼板+涂料	埃特板	铝塑板	彩钢板	铝合金或不锈钢骨架+平板玻璃
典型做法	原有传统砖墙，砂浆批灰，刮腻子，表面加涂料，厚度180~240mm	轻钢或木龙骨，双面加埃特板，表面刮腻子、涂防霉涂料，厚度100mm	轻钢或木龙骨，双面加10~15mm大芯板铺底，表面粘贴铝塑板	轻钢吊杆，固定彩钢板	墙裙或铝材直接落地固定，平板玻璃，厚度80~100mm
技术性能	无裂隙，表面光滑、平整，防火，耐热，但不耐冲洗，容易发尘、积尘，圆弧施工难度大	无裂隙，表面光滑、平整，防火，耐热，但不耐冲洗，难以达到不发尘的要求，圆弧施工难度大	不发尘，有裂隙，容易积尘，表面光滑、平整，防火，耐热，耐冲洗，但不耐腐蚀，圆弧施工难度大	无裂隙，表面光滑、平整，防火，耐热，隔热，耐冲洗，圆弧施工容易，耐腐蚀性能稍差	有裂隙，容易积尘，表面光滑、平整，防火，耐热，但不耐冲洗，耐腐蚀性能差，圆弧施工难度大
经济性能	耐久性较差，维护较难，造价为10~100元/m²	耐久性稍差，维护较难，造价为150~200元/m²	耐久性稍差，维护较难，造价为200~250元/m²	耐久性稍差，维护稍难，造价为100~150元/m²	耐久性稍差，维护稍难，造价为250~300元/m²
比较结果	不符合标准，不适宜使用	不符合标准，不适宜使用	不符合标准，不适宜使用	符合标准，推荐使用	不符合标准，不适宜使用

3.1.1.4　洁净用房地面材料

现代医院室内洁净用房装修大多选用PVC地板（表3.1.1-3）。

地板装饰材料的比较表 表3.1.1-3

方案	环氧自流平	PVC地板	橡胶地板
典型做法	基础找平，铺设水泥自流平，刷环氧树脂，表面涂光亮漆	铺设水泥自流平，粘贴PVC卷材地板	基础找平，铺设水泥自流平，粘贴橡胶卷材地板
技术性能	不起尘，平坦无缝，耐磨耐压，防腐性能好，抗冲击力强	防滑，防尘，耐磨，抗冲击力强，防火，阻燃，防水、防潮，抗菌性能强，耐腐	不起尘，耐磨损，耐腐蚀，防火，有极好的防滑性
经济性能	耐久，维护较难，造价为100~250元/m²	耐久，维护稍难，造价为100~400元/m²	耐久，维护稍难，造价为400~800元/m²
比较结果	推荐使用	推荐使用	不推荐使用

3.1.2 结构专业主要技术选型

3.1.2.1 基础选型

医疗类建筑基础选型不仅与地基土物理力学性质及土层分布、上部结构形式、建筑物的荷载大小、使用功能上的要求、地下水位高低等因素有关，也与场地施工条件、工期要求和投资造价有关。根据项目实际情况，综合考虑技术、安全、进度、成本、质量等方面因素，选取技术可行、经济合理的地基基础方案，以期取得最大的综合效益。

医疗类建筑一般有门诊楼、住院楼、医技楼、辅助用房等几种主要用途，根据层数、平面及结构形式可选用基础形式见表 3.1.2-1。

基础形式　　　　　　　　　　　　　　　　　　　　表 3.1.2-1

基础分类	基础类型	适用范围	优点	缺点	高效建造适用性
天然基础	独立基础	荷载不大且均匀，地质较好	施工简单，造价经济，可缩短工期	承载能力有限，有不均匀沉降的隐患	优先选用
	筏板基础	荷载较大，土质较软弱、不均匀	整体性好，提高承载力，能抵抗地基不均匀沉降	造价高，施工慢	—
桩基础	预制桩	持力层深度大，施工工期短	施工快	锤击沉桩噪声大，穿透较厚砂夹层困难，承载力受限	优先选用
	钻孔灌注桩	适用范围大	桩径大，单桩承载力较高	造价高，施工慢	—
	人工挖孔桩	持力层较浅，地质较好的地基	施工质量可控，造价低	干作业，施工安全隐患大	—

3.1.2.2 主体结构选型

合理的结构选型是结构设计的关键，结构设计应根据建筑功能、材料性能、建筑高度、抗震设防类别、抗震设防烈度、场地条件、地基及施工因素，经过技术经济性和使用条件综合比较，选择安全可靠、经济合理的结构体系。医疗类建筑常用的结构体系有钢筋混凝土框架结构、框架—剪力墙结构等。综合医院是防灾救灾的生命线工程，宜选择具有双重抗侧力体系、抗震能力较好的框架—剪力墙结构。

医疗类建筑常见主体结构形式见表 3.1.2-2。

主体结构形式　　　　　　　　　　　　　　　　　　　　表 3.1.2-2

主体结构形式	特点	高效建造适用性
钢筋混凝土框架结构	结构的整体性、刚度较好，空间分隔灵活，自重轻，节省材料	—

主体结构形式	特点	高效建造适用性
钢筋混凝土框架—剪力墙结构	结构平面的布置灵活，有较大空间，侧向刚度较大，抗震能力较好	优先选用
钢筋混凝土框架—核心筒结构	结构抗震性好，筒外空间布置灵活，适用高度高	—

3.1.2.3　楼盖结构选型

医疗类建筑楼盖通常采用主次梁结构，当房间功能复杂，墙内管线较多，医疗设备有较高的净空使用要求时，应和建筑、机电设备专业协调，可采用密肋梁楼盖、无梁楼盖、预应力楼盖，以增加净高。医疗类建筑走廊处设备管线较多，为保证建筑净空，走廊部分的梁可设计成变截面梁、宽扁梁。

3.1.3　暖通专业主要技术选型

3.1.3.1　医院的冷热源特点

医院暖通的特点是既有全日 24h 一年 365d 维持环境参数的场所，又有定时使用的场所，还有应急使用的场所等。使用条件各异，其负荷的日波动、年波动大。一天中负荷最大的时间为早上 9 时到下午 5 时，约为其他时段的一倍。夏季负荷耗能与室外气温的变化规律大体一致，说明医院的新风负荷较大，总的负荷受室外气温的影响明显。

医院属于一种特殊的公共建筑，其门诊部人员较密集，流动量大。人员和新风负荷一般占到医院总负荷的 50% 以上（图 3.1.3-1）。

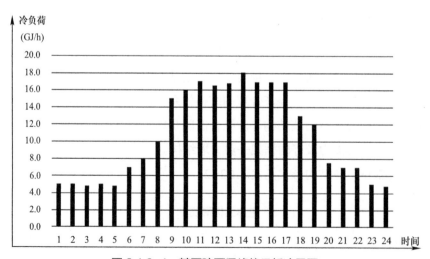

图 3.1.3-1　某医院夏季峰值日耗冷量图

3.1.3.2 常用的冷热源系统

1. 电空调离心式主机 + 燃气锅炉（图 3.1.3-2）

图 3.1.3-2　电空调离心式主机 + 燃气锅炉

2. 非电直燃型制冷制热主机（表 3.1.3-3）

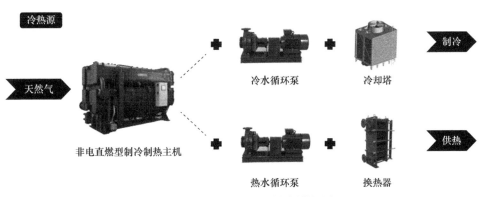

图 3.1.3-3　非电直燃型制冷制热主机

3. 非电蒸汽型制冷主机 + 蒸汽换热器（图 3.1.3-4）

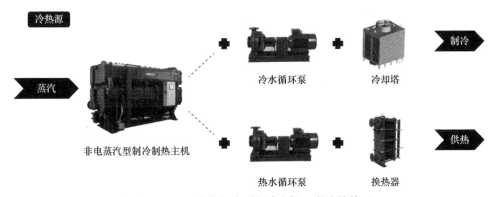

图 3.1.3-4　非电蒸汽型制冷主机 + 蒸汽换热器

4. 电空调风冷热泵式主机原理图（风冷热泵或多联机系统）（图3.1.3-5）

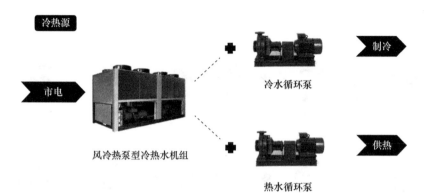

图3.1.3-5 电空调风冷热泵式主机原理图

5. 地源热泵、水源热泵系统（图3.1.3-6、图3.1.3-7）

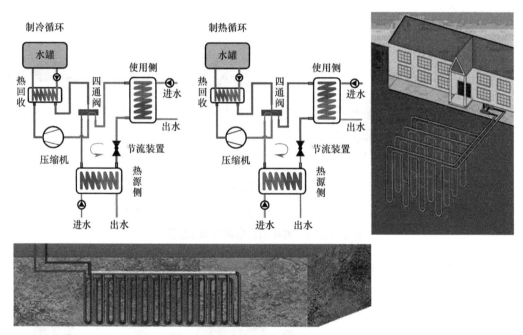

图3.1.3-6 地源热泵系统

图3.1.3-7 水源热泵系统

3.1.3.3 冷热源系统对比（表 3.1.3-1）

冷热源系统对比   表 3.1.3-1

序号	比较项	电空调离心式主机+燃气锅炉	非电直燃型制冷制热主机	非电蒸汽型制冷主机+蒸汽换热器	风冷热泵或多联机系统	地源热泵、水源热泵系统
1	原理	制冷机通过电制冷，并通过冷却塔向室外空气散热；锅炉通过燃烧油或天然气制热	以工作热水为热源，利用吸收式制冷原理，制取低温冷水	以工作热水为热源，利用吸收式制冷原理，制取低温冷水	通过向室外空气吸取/放出热量来制热/制冷	通过向全年温度相对恒定的土壤吸取/放出热量来制热/制冷
2	特殊要求	无	需有燃气	需有蒸汽	严寒/寒冷地区使用相对受限	对地质有要求
3	辅助冷热源	无	无	无	无	为确保全年冷热平衡，通常会设置辅助冷热源（如冷却塔、锅炉等）
4	机房需求	需专门的制冷机房和锅炉房（且需泄爆）	有专门的制冷机房，需设置泄爆，无锅炉房	有专门的制冷机房，无锅炉房	无	较小，约为冷机房+锅炉房总面积的65%
5	室外占地面积	无	无	无	较小，且集中	需占用大量的室外场地敷设地埋管
6	噪声对室外环境影响	冷却塔放置在地面绿化带时噪声较大	机组位于制冷机房内，噪声对室外环境影响较小	机组位于制冷机房内，噪声对室外环境影响较小	大型螺杆式风冷热泵放置在地面绿化带时噪声较大	若系统设置辅助冷源冷却塔，冷却塔放置在地面绿化带时噪声较大
7	系统稳定性	全年稳定	系统较为稳定	系统较为稳定	相对稳定，冬季受室外环境（室外温度）影响较大	相对稳定，需考虑全年冷热平衡，长时间使用后效率有所下降
8	施工便利性	较便利	较便利	较便利	便利	不便利
9	施工周期	较长	较短	较短	短	长
10	初期投资	较低	高	高	居中	较高

3.1.3.4 医院冷热源推荐性意见

（1）在满足使用要求的前提下，优先采用低位能的能源形式，如废热和工厂余热，宜采用吸收式冷水机组。

（2）在无低位能源可用的区域，优先采用再生能源系统，如地源热泵和水源热泵系统。

（3）既无余热也无再生能源的区域，夏季电量充足，且冬季设有市政热网时，优先采用夏季电制冷加冬季城市热网供热的系统形式。

（4）对于无再生能源也无余热的区域，冬季无城市市政热网时，宜采用夏季电制冷加冬季燃气锅炉的系统形式。

（5）对于无城市供热，夏季用电受限的区域，宜优先采用燃气直燃式冷热水机组来提供能源，当燃气使用受限时，可采用燃油直燃式冷热水机组。

（6）当电量充足，且当地鼓励用电时，宜采用电制冷机组加电热锅炉的冷热源方案。

（7）在冬热夏暖和冬热夏冷地区，对于要求不高且规模较小的项目，可选用风冷热泵系统或者多联机系统，节省主机房的使用面积，甚至完全不需要机房，方便安装、维修。

3.1.3.5　各医院冷热源形式汇总（表 3.1.3-2）

冷热源形式汇总　　　　　　　　　　　表 3.1.3-2

医院名称	建筑面积（m²）	冷源形式	热源形式	所处气候地区
安徽濉溪妇幼医院	62000	多联机系统	多联机系统	夏热冬冷
上海览海西南骨科医院新建项目	99625	虹桥园区能源站	虹桥园区能源站	夏热冬冷
合肥离子医学中心	33687	离心冷水机组	市政蒸汽	夏热冬冷
天津医科大学肿瘤医院二期扩建工程	39621	风冷热泵	蒸汽锅炉（原有）	寒冷地区
滨州市社会养老服务中心（康复区）	71998	冷水机组	燃气承压锅炉	寒冷地区
中山大学附属第一（南沙）医院	50630	冷水机组 + 冰蓄冷	燃气间接式热水机组	夏热冬暖
兰州市中医院异地新建项目	10102	冷水机组	市政热网	寒冷地区
北京协和医院转换楼项目	55437	冷水机组	市政热网	寒冷地区

3.1.4　给水排水专业主要技术选型

3.1.4.1　给水

医疗建筑生活给水系统要求安全、可靠，生活给水水质应符合现行《生活饮用水卫生标准》GB 5749，其给水系统的选择、管道附件、水表及增压设备等均按照现行《建筑给水排水设计标准》GB 50015、《城镇二次供水技术规程》DB11/T 1494 等相关设计规范进行设计。医院建筑给水常用供水方式见表 3.1.4-1，常用生活水泵供水形式见表 3.1.4-2。

医院建筑给水常用供水方式　　　　　　　表 3.1.4-1

分区	常用供水方式
低区	市政给水管网→各用水点
高区	市政给水管网→生活贮水池→变频泵→各用水点
	市政给水管网→生活贮水池→加压泵→屋顶生活水箱→各用水点

常用生活水泵供水形式 表 3.1.4-2

序号	比较项	室外给水管网直接供水	变频生活水泵叠压供水	生活水池+变频生活水泵+高位生活水箱
1	供水稳定性	较稳定	较稳定	稳定
2	水质	水质好	水质好	水质有污染的可能性
3	控制复杂程度	简单	复杂	复杂
4	占用机房面积	无	较小	较大
5	推荐选型	优先推荐	推荐	推荐
备注	—	一般室外给水管网仅能满足建筑低区用水要求	不建议采用，医院属于供水保证率要求高，断水会产生使用安全问题的用户	城市市政给水管供水能力不足时，建议采用

其中，医院洁净手术部特殊供水应有两路进水，由处于连续正压状态下的管道系统供给，一般采取的措施如表 3.1.4-3 所示。

医院洁净手术部特殊供水措施 表 3.1.4-3

序号	常用供水方式	备注
1	市政供水、屋顶水箱、变频设备三个系统选出两个系统组合供给	需要在连接点注意水压平衡，设置减压阀
2	变频设备两端引出两路给水管设计为环路，向洁净手术部供水	变频加压设备配置双回路电源

3.1.4.2 排水

医院医疗区污、废水应与非医疗区污、废水分流排放，非医疗区污、废水可直接排入城市污水排水管道。

表 3.1.4-4 所列场所应采用独立的排水系统或间接排放，并应符合相应要求。

特殊场所排水设计安装要点 表 3.1.4-4

序号	场所	设计安装要点	备注
1	传染病门急诊	污水应单独收集处理	
2	传染病病房		
3	放射性科室	废水单独收集处理	
4	牙科	废水宜单独收集处理	由工艺决定
5	锅炉房	应单独收集并设置降温池或降温井	排污水
6	中心（消毒）供应室		消毒凝结水
7	分析化验室	宜单独收集	采用的是有腐蚀性的化学试剂
8	太平间	室内采用独立的排水系统	主通气管应伸到屋顶无不良处
9	解剖室		

3.1.4.3　热水

医院热水供应系统的组成因建筑类型、医院规模、用水需求、加热和储水设备选型等的不同情况而异。一般情况下，医院热水供应系统主要由软水处理系统、热源设备或系统、储水（热）设备、换热设备、循环水泵、供水管道系统、自动控制系统及消毒装置等组成。

医院热水供应系统常用的加热设备有快速式水加热器、半即热式水加热器、燃气（燃油）热水锅炉、空气源热泵热水机组、太阳能热水系统等，不宜采用存在滞水区的容积式换热器（表 3.1.4-5）。

加热设备对比表　　　　　　　　　　表 3.1.4-5

序号	名称	原理	优点	缺点	适用系统
1	快速式水加热器	热媒与被加热水通过较大速度的流动进行快速换热的间接加热设备	体积小，安装方便，热效高	不能贮存热水，水头损失大，出水温度波动大	适用于用水量大且比较均匀的热水供应系统
2	半即热式水加热器	热媒与被加热水通过较大速度的流动进行快速换热的间接加热设备	带有超前控制措施	不能贮存热水，水头损失大，出水温度波动大	适用于用水量大且比较均匀的热水供应系统
3	燃气（燃油）热水锅炉	通过燃烧器向正在燃烧的炉膛内喷射雾状油或燃气	燃烧迅速、完全且构造简单、体积小、热效高、排污总量少、管理方便	—	经常采用直接加热或与水加热器结合使用，作为太阳能系统的辅助热源
4	空气源热泵热水机组	利用空气中的能量来产生热能	能全天候大水量、高水压、恒温提供不同温度热水，同时又能够消耗最少的能源完成供热	空气源热泵就是利用空气中的能量来产生热能，能 24h 大水量、高水压、恒温提供不同温度热水，同时又能够消耗最少的能源完成供热，在我国北方室外空气温度低的地方，由于热泵冬季供热量不足，需设辅助加热器	经常作为医院太阳能热水系统的辅助热源
5	太阳能热水系统	—	环保，节省能源，安全	太阳能板需要占用屋面面积	具备利用太阳能的地区

热水系统的水加热器宜采用无死水区且效率高的弹性管束、浮动盘管容积或半容积式水加热器。医院热水系统的热水制备设备不应少于两台，当一台检修时，其余设备应能供应 60% 以上的设计用水量。

3.1.4.4　消防

医院建筑消防设施种类多，功能全。其常用的建筑消防灭火设施主要有室外消火栓系统、室内消火栓系统、自动喷水灭火系统、气体灭火系统、灭火器等；另外，净空高度超过 18m 的中庭一般采用自动扫描射水高空水炮灭火装置，MR、DSA、DR、CT 等大型医疗设备区域以及高低压变电所、病案室、信息中心（网络）机房等区域较多采用气体灭火系统，医疗工艺允许的重要医疗设备用房也可按规范设置细水雾系统（表 3.1.4-6）。

常用气体灭火系统工程设计技术参数对比表　　　　　　表 3.1.4-6

	名称	七氟丙烷	IG541 混合气体	CO_2	备注
性能指标	灭火效率	高	低	低	
	贮存状况	压力容器	压力容器	压力容器	
	工程造价	很高	很高	高	
	维护管理	复杂	复杂	复杂	
	毒性	低毒	无毒	窒息	
	二次伤害	无	无	无	
	最小设计灭火浓度	7%	36.5%	34%	
	灭火机理	化学	物理	物理	
	环保性能	温室效应	绿色环保	温室效应	
	发展程度	成型	成型	成熟	

3.1.4.5　管材与器材

医疗建筑给水管，既要保证输水的可靠性，又要保证水质在运输过程中免受二次污染。由于塑料管材具有无毒、质轻、韧性、耐用、耐腐蚀、内壁光滑、不易堵塞、易加工处理、易安装、保养费用低、能耗低并且可以回用等优点，建议首选塑料管，特别是在冷水管材中。目前，水管常用的主要有：硬聚氯乙烯（UPVC）管、聚乙烯（PE）管、聚丙烯（PPR）管、聚丁烯（PB）管、交联聚乙烯（PEX）管、衬塑钢管、304 号以上的标准不锈钢管、薄壁不锈钢管等。

排水系统的管材可依次选用机制排水铸铁管和塑料管；雨水排水管道应根据建筑高度确定其排水压力，并选择合适的承压管道排水。穿越病房的污、雨水排水管道宜采用静音管道。在有屏蔽的场所应采用紫铜管和塑料管等。坐式大便器采用两档冲洗水箱，每次冲洗周期的用水量不大于 6L。

给水、排水管道不应从洁净室、强电和弱电机房，以及重要医疗设备用房的室内架空通过，必须通过时应采取防漏措施。

排放含有放射性污水的管道应采用机制含铅的铸铁管道，水平横管应敷设在垫层内或专用防辐射吊顶内，立管应安装在壁厚不小于 150mm 的混凝土管道井内。

3.1.4.6 卫生防疫

1. 给水安全要求

1）控制二次污染

过去和现在设计的医院建筑工程里，很多都有二次供水系统，而二次供水系统中很容易受到污染的环节就是贮水箱或贮水池，设计中应切实采取有效措施，确保贮水的卫生安全。

2）要严防串水和回流污染

串水污染主要指由于不同供水管道之间串水而引起的水质污染；回流污染指医院和其他建筑中，由于室外管道停水或其他原因造成负压，导致室内管道回流，从而造成水质污染。医疗建筑在给水设计中，要特别注意回流污染，蹲便器必须安装空气隔断器。

2. 医院排水系统具体要求

1）要保证地漏的水封深度

在医院设计中应杜绝地漏水封干涸而污染室内空气环境，传播疾病。国家规范规定，地漏的水封深度必须是5cm。为保证地漏的水封深度得到有效保护，在医院设计中，可采用直通地漏，在下面设P形存水弯，通过其他的用水点排水来补水。作用主要是避免地漏水封达不到要求而带来隐患和保证水封经常有水，不会干涸。

2）保证排水系统的通气

排水管道应伸顶通气；医用倒便器应设专用通气管；室内各种集水坑应密闭并透气。国家有关规范规定，吸气阀不能代替通气管。在医疗建筑中，应单独设置通气管，不能用吸气阀代替通气管，因为室内的有害气体和被污染的气体，有可能经吸气阀排到室内，容易出现传染的危险。

为保证医院运行时的污水管道检修的可能性，设备层以上病房区域的污水立管宜分设多路汇合管道引至一层排出，一旦一路管道堵塞清通或检修时，其余区域的医疗、生活排水设施仍可安全使用。

高层建筑病房卫生间内的排水管应设专用通气管，宜每层设H管连通，维持好排水管内的压力平衡，防止卫生器具的水封破坏；地下室设吸引机房、太平间、其他医疗或辅助设施时，应各自独立设集污池，采用密闭井盖，并设透气管引至室外；医用倒便器应设通气管。

对于清洗间、污洗间和设有清洗设备、拖布池等的场所，宜采用无水封磁性翻斗式地漏并配P形或S形存水弯。对急诊抢救室、职工餐厅等处可设开启式密封地漏，满足其地面冲洗的需要；对于各层空调机房和设在设备层净化空调机组的冷凝水，采用独立排水管道，引至室外间接排放。

3.1.5　电气专业主要技术选型

3.1.5.1　不间断电源装置的配置方式比选

急诊抢救室、急诊手术室、EICU、产房、ICU、CCU、NICU、PICU、血液透析室、手术室、病例切片分析室、计算机中心、弱电竖井网络机柜等对停电要求小于或等于0.5s的重要科室和停电对医院正常运行影响较大的场所（挂号收费、出入院办理、发药窗口等），应设不间断电源装置（UPS），且宜为在线式。

手术室UPS蓄电池后备时间不应小于30min，其他场所不应小于15min。

手术室数量从几间到几十间不等，手术部UPS的配置方式可分为分布式和集中式两种（图3.1.5-1、图3.1.5-2、表3.1.5-1）。

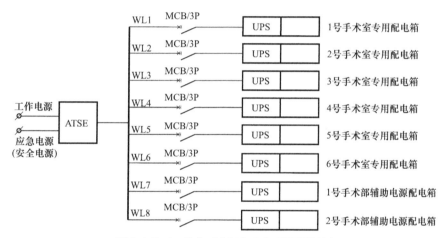

图3.1.5-1　分布式UPS电气系统图示例

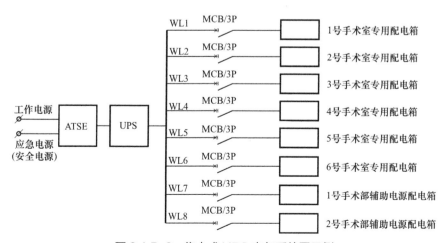

图3.1.5-2　集中式UPS电气系统图示例

手术部 UPS 配置方式比选 表 3.1.5-1

序号	类别	分布式	集中式
1	位置	设置在每间手术室走廊，占用手术部的有效面积	设置在靠近手术部的配电间或邻层的位置
2	容量	每个 UPS 电池组容量较小，常规 10kVA/ 间，但总容量较大	UPS 电池组容量较大，但考虑到同时系数，总容量比分布式系统小
3	可靠性	供电可靠性较高，在 UPS 发生故障时影响面较小	可靠性与 UPS 配备方式相关，UPS 可设一组或多组，采用多组设置可以减少检修或故障时的影响面
4	运行维护	使用几年后的维护工作量逐渐增大，需要进入手术部维护或检修，对手术部的正常工作会产生影响	在靠近手术部或邻层的位置，维护管理方便，基本不对手术部净化区产生影响
5	建设成本	较高	较低
6	推荐意见	根据手术室规模进行选择，规模比较大的手术部宜采用 UPS 设备集中布置	

3.1.5.2 变电所设置方式的比选

综合医院建筑面积通常为几万平方米到二三十万平方米，变压器安装容量也相应由几千千伏安到两三万千伏安不等。变压器数量及容量的分配，对医院用电负荷的可靠性及建设成本影响重大。对电气设计来说，变电所的设置是医院建筑设计的一个重点和难点。以深圳市深汕中心医院为例，建筑面积 16.5 万 m^2，装机容量 18850kVA，设置了 5 座变电所和 1 座开关站（表 3.1.5-2）。

变电所设置方式比选 表 3.1.5-2

序号	类别	分布式	集中式
1	位置	分散设置于各楼栋地下室或就近位置，便于居于负荷中心	通常设于某个楼栋，如医技楼的地下室
2	面积	单个机房面积较小，但总建筑面积比集中式更大	面积较大，选址不灵活
3	供电半径	供电距离较近，节约电缆	供电距离较远，变电所集中出线较多，电缆使用不经济
4	可靠性	一台变压器故障或跳闸，影响面较小，可靠性更高	一台变压器故障或跳闸，影响面较大，可靠性较低
5	运行维护	维护人力成本更高	维护人力成本更低
6	建设成本	高压配电柜及变压器数量更多，投资成本较高	相比分布式，成本较低
7	推荐意见	根据医院建筑面积及占地规模、负荷中心位置进行选择，规模比较大的医院宜分散布置变电所，以利于变压器深入负荷中心	

3.2　施工技术选型

3.2.1　基坑工程

基坑工程施工技术选型见表 3.2.1-1。

基坑工程施工技术选型

表 3.2.1-1

序号	结构类型		常见结构组合	应用特点及适用条件		工期/成本	应用工程实例
	名称	适用条件		优点	缺点		
1	支挡式结构（锚拉式）	1. 基坑等级为一级、二级、三级。 2. 适用于较深的基坑。 3. 锚杆不宜用在软土层和高水位的碎石土、砂土层中。 4. 当邻近基坑有建筑物地下室、地下构筑物等，锚杆的有限锚固长度不足时，不应采用锚杆。 5. 当锚杆施工会造成基坑周边建筑物的损害或违反城市地下空间规划等规定时，不应采用锚杆。 6. 排桩适用于可采用降水或截水帷幕的基坑	现浇混凝土灌注桩排桩＋锚拉式（支撑式、悬臂式）	1. 桩端持力层便于检查，质量容易保证，桩底沉渣容易控制。 2. 容易得到较高的单桩承载力，可以扩底，以节省桩身的混凝土用量	1. 受地下水位影响较大，地下水位较高时，施工要注意降水排水。 2. 存在透水性较大的砂层时不能采用。 3. 桩长不宜过长。 4. 受雨季雨天影响比较大。 5. 孔壁混凝土养护时间隙长，需要较多劳动力，成桩功效较低等	功效较低，需要劳动力多，对安全要求高。锚索、锚杆劳务分包费用：90元/m	—
2	土钉墙支护	1. 基坑等级为一级、二级、三级。 2. 有一定粘结性的杂填土、黏性土、粉土、黄土与弱胶结的砂土边坡。 3. 适用于地下水位低于开挖层或经过降水使地下水位低于开挖面的情况	土体加筋技术	1. 成本钉复合体，显著提高边坡整体稳定性和承受超载载的能力。 2. 施工设备简单，由于钉长一般比锚杆的长度小得多，不加预应力，所以设备简单。 3. 随基坑开挖逐层分段开挖作业，占或少占单独作业时间，施工效率高，周期短。	1. 对开挖深度有一定的要求。土钉墙一般适用于开挖深度在12m范围内的基坑。当基坑深度较深时，需要采用其他的支护形式与土钉形式以保证基坑的安全，形成复合土钉墙以保证当深度超过一定范围时不得采用土钉支护的形式。部分区域开挖，形成复合土钉墙相结合，过一定范围时不得采用土钉支护的形式。	成本较其他支护费用低	齐河县人民医院新院区

续表

序号	名称	结构类型		应用特点及适用条件		工期/成本	应用工程实例
		适用条件	常见结构组合	优点	缺点		
2	土钉墙支护	4. 对于标准贯入击数（N）低于 10 击的砂性土边坡采用土钉法一般不经济。 5. 对于塑性指数 I_p >20 的土，必须注意仔细评价其蠕变特性后方可采用。 6. 对于含水丰富的粉细砂层、砂卵石层土钉法是不行的	土体加筋技术	4. 施工不需单独占用场地，在现场挖土、放坡困难、有相邻建筑物的情况下更能显示其优越性。 5. 对于塑性成本费较其他支护结构显著降低。 6. 施工噪声、振动小，不影响环境。 7. 土钉墙本身变形很小，对相邻建筑物影响不大	2. 变形较大。土钉属柔性支护，其变形大于预应力锚杆支护，当对基坑变形要求严格时，不宜采用土钉支护。 3. 土钉支护一般作为临时性工程，如果作为永久性结构，门考虑锈蚀等耐久性问题	成本较其他支护费用低	齐河县人民医院新院区

3.2.2　地基与基础工程

地基与基础工程施工技术选型见表 3.2.2-1。

地基与基础工程施工技术选型

表 3.2.2-1

名称	技术特点	适用条件	应用特点及适用条件		工程案例
			优点	缺点	
预应力混凝土管桩基础	后张法预应力管桩、先张法预应力管桩	适用于抗震设防烈度 7 度的一般建筑的低承台桩基。 用于主要承受竖向荷载，且水平荷载较小的低承台桩基。 不应用于地下强腐蚀环境。 适用于素填土、杂填土、淤泥、淤泥质土、黏性土、粉土、碎石土等地基	单桩承载力高。 设计选用范围广。 对持力层起伏变化较大的地质条件适应性强。 单桩承载力造价便宜。 运输吊装方便，接桩快捷。 成桩长度不受施工机械的限制。 施工速度快，工效高，工期短	1. 用柴油锤锤打管桩时，振动剧烈，噪声大，挤土量大，会造成一定的环境污染和影响。 2. 打桩时送桩深度受限制，在深基坑开挖后截去余桩较多。 3. 有些地质条件，如以石灰岩作持力层，在不宜采"上软下硬、软硬突变"的地质条件下，不宜采用锤击法施工	齐河县人民医院新院区

3.2.3 混凝土工程

混凝土工程施工技术选型见表 3.2.3-1。

表 3.2.3-1

混凝土工程施工技术选型

序号	名称	混凝土施工技术概要 结构选型或设计方案	技术名称	混凝土施工关键技术 施工技术或重点难点	技术总结	关键词
1	装配式混凝土	1. 选型。当前时期，应用较广泛的装配式混凝土结构为整体式框架结构、整体式剪力墙结构和整体式框架-剪力墙连接方式。此类方式中，主体结构或者叠合梁板结构，常应用预制混凝土应用与施工技术。采用合理的结构设计与现场浇筑钢筋混凝土结构彼此位置或者与结构和现场浇筑钢筋混凝土结构彼此的节点的力学特性与现场浇筑钢筋混凝土结构几乎相同，产生了具备较好传力变形能力，且可以满足承受载重力与变形标准的整体构造。 2. 拆解与布局。装配式混凝土结构的拆解就是以建筑工程设计标准为前提，且整体考量施工工程以及可操作性，把主体拆解成多个结构，进而实行构件设计的阶段。应用比较多的构件有：预制混凝土柱、墙板、飘窗型墙板、叠合梁板以及阳台栏板等。拆解构件结束之后，需制订其布置计划，进而实行之后的设计与建造环节	连接技术和装配环节	1. 节点和接缝部位的连接技术 竖缝部位的钢筋需锚固进现场浇筑混凝土中，梁接头和梁柱的节点部位，水平钢筋应用机械方式相连或者焊接。结构墙的水平连接和框架混凝土柱接头部位应用钢筋套筒尽量应用钢筋架相连。 第一，钢筋套筒灌浆。这种方式就是借助钢筋套筒内水泥胶结材料的锚固能力，使钢筋插进套筒。连接钢筋选择下柱或墙端片外延的纵向受力钢筋，借助灌浆料填满满钢筋套筒，保证浆料填满构造和灌浆模片类分成全灌筒，且进行严格的养护工作。钢筋套筒灌浆根据用灌浆式和现浇的连接，半灌浆方式，全灌浆的钢筋套筒两侧需应用灌浆方法相连，另一侧则采用非灌浆方式连接。非灌浆方式主要方式取决于滚轧直螺纹以及墩粗直螺纹几类。钢筋套筒的长度取决于浆料对钢筋的锚固水平，要保证连接部位的抗拉能力高于钢筋的抗拉能力。第二，钢筋约束浆锚。在结构中预留带波纹状内壁的孔道，且在四周用安装螺旋钢筋。 2. 构件彼此间和构件与现场浇筑混凝土彼此间的连接方式 第一，湿法连接方式。构件和现场浇筑混凝土的连接面需为粗糙相接面，或者对外表面层上拉成无数的毛头，或者应清刷结合部位。进行混凝土浇筑之前，需认真清理结合部位，要保证结合部位混凝土的密实度，保证一次性混凝土浇筑，且保证接缝隙不可出现浆料泄漏。第二，干法连接方式。这种模式不采用混凝土湿式连接方式，转而应用预应力模式连接方式，能够缩短工期。连接部位不采用混凝土浇筑，因无需对混凝土进行养护，因此广泛应用在装配式混凝土工程	对建筑工业化装配式混凝土结构的关键技术进行研究和应用具备非常重要的意义。此外，更多的施工实践可以使在技术工艺变得更加完善，进而促进了建筑工业化的发展，使其可以在当代建筑行业中更有效地发挥作用。所以，相关科研人员需不断健全此类施工方式	建筑工业化；装配式混凝土；结构

续表

序号	名称	混凝土施工技术概要		混凝土施工关键技术	技术总结	关键词
		结构选型或设计方案	技术名称	施工技术或重点难点		
2	预应力混凝土	方案1：主次梁方案。主次梁结构是在一个方向布置尺寸较大的主梁，另一个方向布置尺寸较小的次梁，荷载通过次梁传递到主梁上，再由次梁传递到主梁。该结构具有结构层刚度明确等优点，但由于主次梁高度不同，传力路径明确，取决于较大的主梁，使得结构构造层高度过大，结构层高增加。 方案2：次梁承重方案。次梁承重方案是沿一个方向布置次梁，荷载由板直接传递到次梁上，再由次梁直接传递到两端支承柱上。由于只有一个方向有次梁，次梁中的预应力值较大，可以有效解决混凝土的抗裂性问题。沿纵横方向布置次梁，可以省去纵向预应力筋的设置，方便施工；横向次梁把整个楼面分成单向板，荷载的传递更为简洁，构件的受力再复杂；任纵向没有设置预应力筋，受力更复杂，力相互影响，横向边梁，横向边梁不用设置楼面，使得边梁的尺寸大为减少。 方案3：井字梁方案。井字梁方案是在两个方向等间距布置相同方形截面的梁，属于同一空间受力体系。荷载直接向方形板四周的竖向受力梁上传递。井字梁通过两个方向在竖向变形相协调的原则来传递内力，受力性质同双向板相似，力相互影响。同时，井字梁还具有水平刚度大、梁截面高、挠度值小等特点。这里设置两种井字梁布置方式	方案重点对比	主次梁方案中，纵横两种布置方式结构的内力和变形差别不大。内力分布和结构的布置均匀，与其他方案相对应。与其他方案相比，该方案受力较均匀，预应力筋用量介于其他两种方案之间。次梁承重方案中，楼板被分割成单向板，荷载沿一个方向传递，横向次梁的内力与其他方案相比很小，纵向主梁受力较大。由于只有一个方向布置预应力筋，该方案大梁的变形较大，纵横向主梁在主次梁方案中是最少的。就纵向主梁的内力而言，纵向主梁大于主次梁和井字梁方案。与其他方案相比井字梁的内力最不大。预应力井字梁方案中，其内力的分布最均匀，内力值与主次梁方案相差不大，总筋的用量双向差别不大，总量在各方案中是最多的	1. 对于这种双向跨度相差不大的大跨结构，预应力井字梁方案是较优方案。由于二级井字梁方案结构难度较大，施工难度大，所以一级井字梁相比也更为适用。 2. 不同结构的布置方式只改变梁格内部内力的分布，而对柱网主梁的内力影响不大。 3. 楼盖的变形沿横向总大于主次梁向的变形，说明变形的大小和跨度有关，而结构的刚度对其影响不大。 4. 两端刚度较大的简体限制了楼盖的自由收缩变形，混凝土的自由收缩和温度变形容易造成混凝土楼盖的开裂。基于以上原因，宜减少混凝土的一次浇筑长度	预应力混凝土；大跨度楼盖；受力性能

3.2.4 钢结构工程

钢结构工程施工技术选型见表 3.2.4-1。

钢结构工程施工技术选型

表 3.2.4-1

<table>
<tr>
<th rowspan="2">名称</th>
<th colspan="2">钢结构施工技术概要</th>
<th>钢结构工程关键技术</th>
<th>技术总结</th>
<th>关键词</th>
</tr>
<tr>
<th>结构选型或设计方案</th>
<th>施工技术或重难点</th>
<th></th>
<th></th>
</tr>
<tr>
<td>钢结构施工概论</td>
<td>结构的布置要根据体系特征、荷载分布情况及性质等综合考虑。一般来说要刚度均匀、尽可能限制大荷载或移动荷载的影响范围，使其以最直接的线路传递到基础。柱间应均匀，其形心要尽量靠近柱的作用线，合则应考虑结构的扭转。结构的抗侧应有多道防线，比如有支撑框架结构，柱子至少应能单独承受 1/4 的总水平力。框架结构的楼层平面次梁布置，有时可以调整其荷载传递方向以满足不同的要求。通常为了减小截面，沿横向布置次梁，但是这会使主梁截面加大，减少了楼层净高，边柱也有时会吃不消，此时可把次梁支撑在较短的主梁上可以牺牲次梁保住主梁和柱子</td>
<td>结构布置结束后，需对构件截面作初步估算，支撑等构件的断面形状与尺寸的假定。钢梁可选择槽钢、轧制或焊接 H 型钢截面等。根据荷载与支座情况，其截面高度通常根据梁间距按 l/b 限值 1/50～1/20 之间选择。翼缘宽度根据梁间侧向支撑的复杂程度来确定。可回避钢梁的整体稳定的复杂计算，这种方法还很受欢迎。确定了截面高度和翼缘宽度后，其板件厚度可按规范中局部稳定的构造规定预估。柱截面按长细比估估，通常 50＜λ＜150，简单选择值在 100 附近。根据轴心受压、双向受弯或单向受载的选择确定截面形式。规范中对截面面的翼缘或 H 型钢截面等。需注意，对应不同的结构，如钢结构所特有的板件的局部稳定问题。在钢结构规范和轻钢规范中的限值有很大的区别。除此之外，对构件截面形式的选择没有固定的要求，结构工程师应该根据构件作的受力情况，合理地选择安全、经济、美观的截面</td>
<td>钢结构通常用于高大跨度、体形复杂、荷载或起重机起重量大、有较大振动、高温车间、密封性要求高，要求能活动或经常装拆能的结构。直观地说，为超高层建筑、体育馆、歌剧院、大桥、电视塔、工业厂房和临时建筑等，这是和钢结构自身的特点相一致的</td>
<td>钢结构；
抗震要求；
截面选取</td>
</tr>
</table>

3.2.5 屋面工程

屋面工程施工技术选型见表 3.2.5-1。

表3.2.5-1

屋面工程施工技术选型

名称	结构类型 工艺流程	施工要点 屋面细部做法	屋面分格缝的留设要点	屋面过桥	屋面避雷系统	成品保护
上人屋面	弹屋面水平控制线→浇筑出屋面的设备基础等→落水口及排水管安装→基层清理→做砂浆冲筋→浇筑20mm厚1:2.5水泥砂浆找平层→找平层养护→1.5mm厚聚氨酯防水涂膜施工→蓄水试验→浇筑30mm厚20mm厚聚氨酯防水保护层→LC5.0发泡混凝土2%找坡层→浇筑20mm厚1:2.5水泥砂浆找平层→70mm厚挤塑聚苯板保温层铺贴→浇筑30mm厚C20细石混凝土找平层→找平层养护→倒圆角→冷底子油施工→铺贴4mm厚SBS改性沥青防水卷材→蓄水试验→浇筑20mm厚1:3水泥砂浆→聚酯无纺布隔离层20mm厚→铺上铺一层M15水泥砂浆找平压光，1m×1m分格，缝宽20mm，分隔缝采用密封胶嵌缝	排气道及出屋面排气管： （1）发泡混凝土找坡层施工时，按纵横6m×6m布置排气道，排气道纵横向交叉点放置直径50mm镀锌排气管。高度根据找坡坡度变化，C20细石混凝土找平找坡层以下长度范围内钻孔直径10mm圆孔，每隔20mm呈一排。排气管出屋面高度350mm。 （2）所有排气帽的出屋面高度做到一致，弯头的朝向保持一致。 （3）排气道直径为40mm，填充干陶粒颗粒，上铺一层土工布后进行找平层施工	1. 整体刚性细石混凝土保护层和地砖镶贴保护层应设置分格缝。 2. 分格缝设置位置为女儿墙交接处、与屋面出水口交接处的楼板间、电梯间和屋面机箱间的交接处、与管道、排气孔间的开间明线处、出屋面的大型设备基础和柱子四周间。 3. 每块板块高点宜设置一条分格缝。 4. 分格缝间距应按4m×4m设置（具体见分格化图纸），缝宽宜为20mm，缝内宜采用硅胶进行嵌缝，硅胶表面平整、光滑，顺直，不得有起鼓、脱皮、开裂、下坠现象。 5. 分格缝需按现场屋面实际尺寸进行排版，若有天沟以天沟进行分块，支设分格缝，距天沟150～200mm处设置一条分格缝，剩余部分均分，要求间距均不大于6m。 6. 分格缝距两侧女儿墙和山墙之间的预留宽度为30mm的缝隙，剩余部分分分，要求间距不大于6m。 7. 屋面接缝（如分格缝、保护层、密封材料的分格缝）施工时，密封材性防水材料的分格缝应不小于接缝宽度的0.6倍。嵌填密封材料的基面应涂刷与密封材料相配套的基层处理剂；接缝处的密封材料应设置背衬，材料不应与密封材料粘连	1. 屋面跨越管道或混凝土变形缝处应设置过桥。管道临空高超过0.7m时，应设置防护栏杆、栏杆应与屋面防雷装置防雷接地。 2. 一般情况下，踏步两侧栏杆高度不应低于0.9m，平台平段长度超过0.5m时，栏杆高度不应低于1.05m。 3. 栏杆接缝光滑、平整、美观	1. 扁铁的搭接长度应符合《建筑电气工程施工质量验收规范》GB 50303的要求。 2. 屋面金属物，如管子、梯子、旗杆和设备外壳等要与屋面防雷系统相连接。 3. 接地线跨越建筑物变形缝处时，加设补偿器。 4. 接地体的引出出屋面线处，使用镀锌钢材，引出线的焊接部位补刷防腐料	1. 卷材铺设完后应及时做好保护，应及时做保护层。 2. 操作人员在其上行走时，不得穿有钉子的鞋，必须穿软底鞋在屋面操作；手推胶轮车在屋面运输料时，支腿应用麻袋包扎，防止将卷材划破面上铺胶轮车，或在屋面上堆放料，特别是坚硬构件。 3. 严禁在施工好的防水层上堆放物品。 4. 防水层施工时，注意不得使胶粘剂流淌污染墙面、檐口和门窗等已完工项目。 5. 水落口、斜沟、天沟等应及时清理，不得有杂物、垃圾堵塞。 6. 伸出屋面的管道、地漏等，不得碰坏或使其变形、变位。 7. 卷材屋面竣工后，禁止在其上凿眼、打洞或作业、焊接等操作，以防破坏卷材，造成漏水。 8. 密封材料嵌填完成后不得碰撞及污染，固化前不得踩踏踩踏

3.2.6 幕墙工程

幕墙工程施工技术选型见表 3.2.6-1。

幕墙工程施工技术选型 表 3.2.6-1

名称	适用条件	技术特点	优点	成本	工程案例
无配重吊篮桁架	造型复杂的异形屋面	采用后植锚栓锚固方式，利用后置埋件与混凝土梁进行连接，前桁架为受压构件，埋件为受压后植构件，满足构造要求。后桁架为受拉构件，埋件为受拉后植构件，锚栓的数量和承载力通过计算确定	吊篮施工可免搭脚手架，使施工成本大大降低，工作效率大幅提高。安装快捷、省时省力、提高功效，吊篮高空作业操作简单，使用灵活	与传统的配重桁架及架构层搭设脚手架进行对比，有明显的经济效益	齐河县人民医院新院区

3.2.7 非承重墙工程

非承重墙工程施工技术选型见表 3.2.7-1。

非承重墙工程施工技术选型 表 3.2.7-1

名称	结构类型 设计概况	工艺流程	施工要点 板材就位安装	垂直度、平整度调整	板缝处理	成品保护
ALC板墙	本工程轻质板墙只应用于病房隔墙。ALC轻质板墙是以硅砂、水泥、石灰为主要原料，由经过防锈处理的钢筋增强，经过高温、高压、蒸汽养护而成的多气孔混凝土制品。其隔声与吸声性能俱佳，具有很好的保温隔热性能；轻质性相对密度为0.5，是普通混凝土的1/4，大大降低了墙体的自重，降低了建筑物的基础造价。产品有外墙板、内墙板、楼层板和屋面板等	定位放线→板材就位安装→安装专用连接件→垂直度、平整度调整→板缝处理→清理→验收	将板材用人工立起后移至安装位置，板材上下端用木楔临时固定，下端留缝隙20~30mm，上端留缝隙10~20mm。缝隙用1:3水泥砂浆塞填。板材安装时宜从门洞边开始向两侧依次进行。洞口边与墙的阳角处应安装未经切割的完好、整齐的板材，有洞口处的隔墙应从洞口处向两边安装；拼板宽度一般不宜小于200mm	用2m靠尺检查墙体平整度，用线锤和2m靠尺检测垂直度，用橡皮锤敲打上下端木楔调整板材，直至合格为止，校正好后固定配件。以此类推，按顺序进行安装	板材下端与楼面处缝隙用砂浆嵌填密实，板材上端与梁底缝隙用聚合物砂浆嵌填密实，上下端塞缝定位木楔应在砂浆结硬后取出，且填补同质砂浆。板材与柱墙连接处用聚合物砂浆填充	板材进入施工现场，要尽可能地减少驳运，竖立后不可长距离调整移动，以防缺棱掉角。原则上安装前先检查板材的破损位置和破损程度，修补时应进行板材破损部位基层清扫，修补完成、待板补材料达到强度后用钢齿磨板和磨砂板进行外观尺寸的修正。板材安装过程中的边角破损，顺序上可以安装完成后进行修补，修补时注意不要污染周围的墙面。对于下道工序施工时会对产品造成污染与损坏的，应做好铺垫、包扎等保护措施

3.2.8 机电工程

机电工程施工技术选型见表 3.2.8-1。

机电工程施工技术选型

表3.2.8-1

序号	机电专业类型 名称	机电专业类型 适用条件	常见机电专业内容	应用特点及适用条件 优点	应用特点及适用条件 缺点	工期/成本	应用工程实例
1	PE-RT管道安装	1.医院空气能热泵热水工程。2.医院太阳能热水工程。3.医院空调水管	太阳能、地暖、空调水系统	1. PE-RT管具有良好的耐高温性能，该管的正常工作温度是90℃，最高可以达到110℃，还具有良好的热传导性。2. PE-RT管具有很好的耐久性，使用寿命利质量，经久耐用。3. PE-RT管具有很强的柔韧性，这种管材的弯曲度为普通管直径的5倍。4. PE-RT管具有良好的热熔性。5. PE-RT管对无机盐、无机酸、碱金属、有机物等化学物质具有耐腐蚀性	运输及施工过程中容易对地暖管造成外伤	具有良好的柔韧性，铺设时方便、经济，生产的管材在施工时可以通过盘卷利弯曲等方法减少管件的使用量，降低施工成本。易于施工，提高工作效率，缩短工期	—
2	中央空调节能控制管理系统	广泛适用于工业民用建筑、写字楼、酒店、医院、大型商业综合体等	空调系统	1.设计、采购、施工、组装、投资少、施工简单、免现场施工及后期维护等高手厂家配合的整端。2.多元化替代可能：机电一体化代替强电开关柜，弱电控制系统、能源统计管理系统，节省投资成本，后期验收施工方便管理	前期投入成本较高	1.降低后期维护成本。2.降低能耗	齐河城投医疗中心
3	七氟丙烷气体灭火系统	广泛适用于大型公共建室、高低压配电室、信息机房等	消防系统	1.七氟丙烷是新型、高效、无毒的灭火剂，能适应经常有人工作的防护区。2.七氟丙烷不含固体粉尘、油渍，是液态态储存气态释放，喷放后可自然排出或由通风系统迅速排出，现场无残留物，对保护对象无二次破坏。3.七氟丙烷灭火剂的喷射时间小于10s，故大大减少了火灾时的喷射对象无多损失。灭火方式简单、可靠，有自动、手动和机械三种启动方式，确保任何情况下均可灭火	超过150L以上的柜式七氟丙烷气体灭火系统较重，运输、安装比较费力	系统简单，成本低，灭火剂用量小	—

续表

序号	机电专业类型		常见机电专业内容	应用特点及适用条件		工期/成本	应用工程实例
	名称	适用条件		优点	缺点		
4	高压细水雾灭火系统	—	消防系统	1. 安装方便：高压细水雾灭火系统管径比传统灭火系统要小，安装费用也会随之降低。2. 安全环保：高压细水雾灭火方式以水为灭火剂，对环境、防护区人员以及其他被防护设备均无毒害或污染。3. 高效灭火：高压细水雾灭火系统的冷却速度比喷淋系统快100倍左右，细水雾具有很强的穿透性，防止火苗的复燃。4. 屏蔽热辐射：高压细水雾灭火系统对热辐射具有良好的屏蔽作用，防止火灾蔓延。5. 使用寿命长：高压细水雾灭火系统及管件均采用防腐蚀材料，因而该系统使用时间长	1. 在造价方面要比传统的水喷淋灭火系统昂贵。2. 对水质要求高。3. 相对于一些气体灭火系统，灭火的时间较长。而且，不适用于一些会与水发生强烈反应的物体，比如固体钾、氢氧化钠等	前期投入成本较高，后期维护较为复杂	—
5	基于BIM的管线综合技术	设计深度不足，管线错综复杂	三维模型、可视化应用	进行多专业碰撞检查，净高控制检查和精确预留预埋，发现和解决碰撞难点，减少因不同专业沟通不畅通而产生的技术错误，大大减少返工，节约施工成本	建模人员施工经验不足，管线综合碰撞调整周期长，设备配置要求高	缩短工期，降低建造成本	山大二院医技综合楼
6	设备配电管线改造桥架技术	设备分布集中的区域，配电管路线繁多	管线改桥架	1. 适用于设备较集中且配电管路繁多的区域（机房、屋面等）。2. 节省材料，整齐、美观。3. 大大降低人工成本	甲指分包或成品专业分包协调难度大	施工快，降低人工成本	山大二院医技综合楼
7	管道联合支架	地下室、水暖设备用房，设备管线狭窄空间	适用经济、合理的型材制作联合支架	整齐、美观，提高有限空间利用率	各专业协调问题多，选型、校核难度大	省工、省时、节约钢材	山大二院医技综合楼
8	喷淋点位地面定位	工期紧，机电与装饰同时穿插施工	把吊顶排版投影至地面上，确定喷淋点位	喷淋短管提前安装，缩短吊顶封闭时间	装饰投影尺寸及点位存在一定的偏差	避免同敷性窝工，缩短吊顶封闭时间	山大二院医技综合楼

续表

序号	机电专业类型		常见机电专业内容	应用特点及适用条件		工期/成本	应用工程实例
	名称	适用条件		优点	缺点		
9	淋浴房同不锈钢水管改为PPR管	病房、医护室等有淋浴功能的房间	冷热水末端采用PPR管	避免了金属管道、金属附件的等电位连接，整体观感整洁	局部更换管材需要书面征得设计及业主的认可	缩短工期、降低建造成本	山大二院医技综合楼
10	照明管线免预埋预埋	精装区域	提前明确精装区域且精装区为自施范围	避免照明预留预埋管线的浪费，提高主体施工进度	需要征得业主的认可	缩短工期、降低建造成本	山大二院医技综合楼
11	地下室临电照明承临结合	大空间	预埋阶段将相邻照明回路连通	1. 减少临电费用投入，减少后期楼板的破坏。2. 减少施工现场明装线路，一定程度上降低了触电的安全风险及临时用电短路造成的火灾风险	使用的电线品牌需要提前得到业主的认可	节省成本、缩短后期施工工期	山大二院医技综合楼
12	消火栓系统承临结合	消防非自施或专业分包进场早	选择合适的立管、满足消火栓保护半径要求	1. 减少临水费用投入，节省临时消防管道的拆除，浪费费。2. 与主体同步，减少后期开洞、修补费用	消防非自施范畴时，协调专业分包问题多，成品保护难度大	节省成本、缩短后期施工工期	山大二院医技综合楼
13	护士站强、弱电点位应后期扩展扩展	护士台	护士台内部配管扩展强、弱电点位	1. 集中预留一处，避免护士台点位外露。2. 减少因点位预留不准导致的后期地面开槽、修补费用	协调家具供应商需求大，家具选型周期长	节省成本、缩短后期施工工期	山大二院医技综合楼
14	病房设备带强、弱电插座后期扩展	设备带	利用设备带内部扩展强、弱电插座	1. 集中预留一处，减少每个床位强、弱电插座的墙体开凿的修补费用。2. 减少墙体开槽配管工作	更改设计，需征得设计院及业主同意	节省建造成本、缩短施工工期后期施工工期	山大二院医技综合楼

3.2.9 装饰装修工程

3.2.9.1 装饰装修设计方案流程图

装饰装修设计方案流程图见图3.2.9-1。

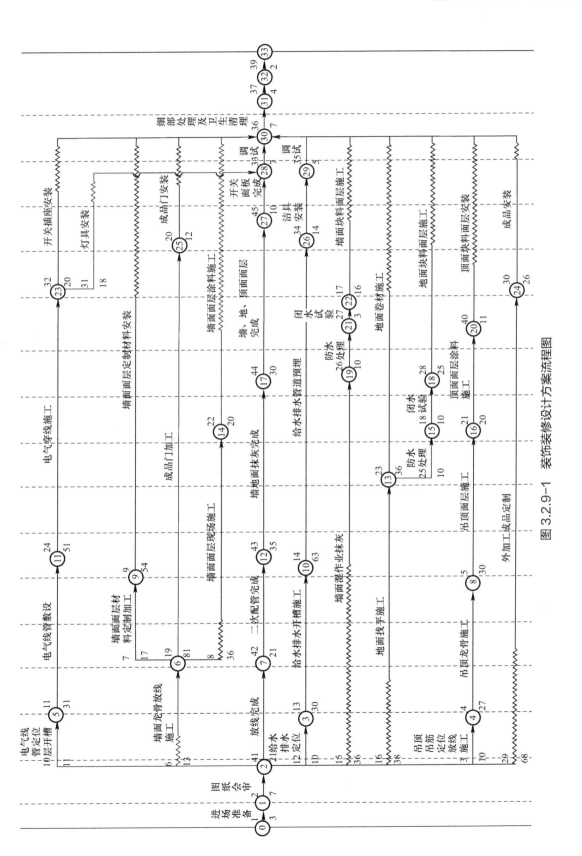

图 3.2.9-1 装饰装修设计方案流程图

3.2.9.2 装饰装修工程关键技术

装饰装修工程关键技术见表 3.2.9-1。

装饰装修工程关键技术 表 3.2.9-1

序号	名称	适用条件	技术特点	高效建造优缺点	工期/成本	工程案例
1	铝方通吊顶整体吊装系统	高大空间吊顶	钢结构转换层吊装/铝方通吊顶	优点: 1. 钢结构转换层在地面分模块焊接牢固,4m×4m分格,采用机械化按模块进行吊装,施工速度快。 2. 铝方通吊顶安装快捷,可明显提高施工速度。 3. 可采用施工升降车,降低施工费用。 缺点:铝方通定尺加工,材料加工周期较长,质量控制难度大	施工方便、快捷,比其他类型吊顶更为方便,节省时间;措施费明显降低	—
2	轻钢龙骨隔墙	室内隔墙设置	新型建筑材料	1. 具有质量轻、强度较高、耐火性好、通用性强且安装简易的特性。 2. 有适应防震、防尘、隔声、吸声、恒温等功效。 3. 同时还具有工期短、施工简便、不易变形等优点	施工速度快,比其他类型墙体施工更为环保,节省时间;措施费明显降低	齐河县人民医院新院区

3.2.10 智能化工程

智能化工程关键技术见表 3.2.10-1。

智能化工程关键技术 表 3.2.10-1

序号	系统类型		常见架构组合	应用特点及适用条件		工期/成本	应用工程实例
	名称	适用条件		优点	缺点		
1	综合布线	1. 医院内网。 2. 医院外网。 3. 设备网。 4. 视频监控网。 5. 无线网	光纤主干加网线到末端	主干采用光纤传输数据,保证传输速度和质量,成本低,施工难度不大	目前都采用这种技术,无缺点	施工效率高,成本容易控制,光纤价格低廉	—
2	计算机网络系统双链路	医院内网等关键网络	接入交换机到汇聚交换机,汇聚交换机到核心交换机采用双链路连接	1. 负载均衡,提高数据传输速度。 2. 减少网络故障带来的关键数据丢失风险	无缺点	不会造成工期增加	江苏省无锡市人民检察院

续表

序号	系统类型		常见架构组合	应用特点及适用条件		工期/成本	应用工程实例
	名称	适用条件		优点	缺点		
3	综合布线/基础网络环境构建分部工程施工	1. 医院智能化专网。2. 视频监控系统。3. 无线网络覆盖。4. 消控室装修	路由网络划分+基础软硬件环境建设	1. 资源分配合理，网络安全策略高。2. 环境部署规范、合理。3. 维护便捷，扩展性强	前期规划深化设计周期长	资源冗余，安全系数高；易于管理，可操作性强	武警工程大学"基础网络升级改造"和"北方云"云计算数据中心建设
		1. 视频会议系统。2. 广播系统。3. 网络电视（教学、宣贯等）	互联网架构	1. 信息高度共享集成。2. 互联网+模式。3. 高效互联互通。4. 适用于多种场景，包括教学场景		成本可控，资源共享，安全可靠	北京互联网法院
4	系统集成	业务系统集成	数据集成+界面集成+应用集成	单点登录，可自由定制化，业务应用系统集成预留丰富的扩展接口，设备联动机制丰富，充分考虑扩展架构和临时缓存库		复用度高，成本相对较低；部署便利，易操作	天津市人民检察院

3.2.11　净化、防护工程

净化区域做法见表3.2.11-1。

净化区域做法　　　　　　　　　　表3.2.11-1

序号	功能区	房间	地面	防火等级	踢脚	防火等级	墙面	防火等级	吊顶	防火等级
1	供应室	无菌物品存放区、一次性物品库、包装区、灭菌区、质检室、缓冲区	3mm自流平+2mm厚防静电PVC卷材	B1级	同质卷材，高100mm	B1级	C75轻钢龙骨+8mm硅酸钙板+4mm医疗板	A级	C80轻钢龙骨+8mm硅酸钙板+4mm医疗板	A级

3.3　资　源　配　置

3.3.1　物质资源

医疗类工程专项物资信息见表3.3.1-1。

医疗类项目物资信息表　　　　表 3.3.1-1

序号	材料名称	材料数量	厂家	使用项目名称
1	门禁系统设备	—	山东利丰晟科贸有限公司	齐河县人民医院新院区
2	空气能空调、热水器	—	青岛优能蓝天科技有限公司	齐河县人民医院新院区
3	标准化钢结构制品	—	山东安丽钢结构有限公司	齐河县人民医院新院区
4	临电材料	—	济南池铭商贸有限公司	齐河县人民医院新院区
5	临水材料	—	济南臻乐商贸有限公司	齐河县人民医院新院区
6	临设土建材料	—	济南臻乐商贸有限公司	齐河县人民医院新院区
7	监控设备	—	山东利丰晟科贸有限公司	齐河县人民医院新院区
8	蒸压砂加气混凝土板材（ALC）材料	—	山东丞华建材科技有限公司	齐河县人民医院新院区
9	蒸压砂加气混凝土板材（ALC）材料	—	山东天玉墙体工程有限公司	齐河县人民医院新院区
10	直梯设备供货安装	—	山东唯奥电梯有限公司	齐河县人民医院新院区
11	中央空调及附属设备、锅炉、冷却塔	—	山东菱岳经贸有限公司	齐河县人民医院新院区
12	消防系统、通风系统、人防系统风机设备	—	山东格瑞德集团有限公司	齐河县人民医院新院区
13	抗震支架	—	山东宸锋建筑工程有限公司	齐河县人民医院新院区
14	抗震支架	—	万旭宏业集团有限公司	齐河县人民医院新院区
15	无负压生活给水设备、消防水泵设备、分质供水直饮水机组设备	—	青岛三利中德美水设备有限公司	齐河县人民医院新院区
16	桥架	10000m	济南亘岳商贸有限公司	山大二院医技综合楼
17	不锈钢管及管件	8000m	山东瑞孚管路设备有限公司	山大二院医技综合楼
18	加厚镀锌钢管	10000m	山东金智成建设有限公司	山大二院医技综合楼
19	抗震支架	1900 套	山东兴源建设工程有限公司	山大二院医技综合楼
20	给水排水设备	3 套	青岛三利中德美水设备有限公司	山大二院医技综合楼
21	消防泵、污水泵	20 台	广州市白云泵业集团有限公司	山大二院医技综合楼
22	水箱	4 台	上海海德隆流体设备制造有限公司	山大二院医技综合楼
23	洁具	1300 套	佛山市家家卫浴有限公司	山大二院医技综合楼
24	矿物电缆	7500m	上海起帆电缆股份有限公司	山大二院医技综合楼
25	高性能电线电缆	380000m	山东华凌电缆有限公司	山大二院医技综合楼

续表

序号	材料名称	材料数量	厂家	使用项目名称
26	智能疏散系统（设备、灯具）	1 套	山东山大华天科技集团股份有限公司	山大二院医技综合楼
27	铜阀门	5000 个	山东炽腾商贸有限公司	山大二院医技综合楼
28	电动阀、平衡阀	800 个	济南裕嘉源暖通技术有限责任公司	山大二院医技综合楼
29	风阀	800 个	山东三利实业有限公司	山大二院医技综合楼
30	冷水机组、风机盘管、冷却塔、新风机组、风机、多联机等空调设备	1200 台	山东金智成建设有限公司	山大二院医技综合楼
31	灯具	4800 套	济南泉泽照明电器有限公司	山大二院医技综合楼
32	开关、插座	2800 套	山东百光荧生经贸有限公司	山大二院医技综合楼
33	配电箱	260 台	山东凯莱电气设备有限公司	山大二院医技综合楼
34	太阳能系统（设备、集热板）	1 套	山东力诺瑞特新能源有限公司	山大二院医技综合楼

3.3.2 专业分包资源

建立优质专业分包库，齐河县人民医院新院区项目使用过的专业分包单位信息见表 3.3.2-1。

专业专包单位信息表   表 3.3.2-1

序号	专业工程名称		专业工程分包商名称	使用项目名称
1	桩基	桩基工程	济南百士岩土工程有限公司	齐河县人民医院新院区项目
2		土方、基坑支护	中基发展建设工程有限责任公司	北京大学第一医院保健中心工程
3	主体	主体、二次结构工程	山东顺和建筑劳务有限公司	齐河县人民医院新院区项目
4			建湖泰业建筑劳务有限公司	齐河县人民医院新院区项目
5			天津东南钢结构有限公司	北京大学第一医院保健中心工程
6			锐态建筑科技（北京）有限公司	北京大学第一医院城南院区工程
7	防水	防水工程	北京中联天盛建筑工程有限公司	齐河县人民医院新院区项目
8	粗装	粗装修工程	济南振鲁建筑劳务有限公司	齐河县人民医院新院区项目
9			山东寅烽建筑工程有限公司	齐河县人民医院新院区项目
10		无机喷涂工程	济南千瑞建筑安装工程有限公司	齐河县人民医院新院区项目
11		发泡混凝土工程	山东昶博建筑工程有限公司	齐河县人民医院新院区项目
12	钢结构	雨棚工程	中誉长青建设有限公司	齐河县人民医院新院区项目

续表

序号	专业工程名称		专业工程分包商名称	使用项目名称
13	幕墙	幕墙	嘉林建设集团有限公司	齐河县人民医院新院区项目
14			深圳瑞和建筑装饰股份有限公司	齐河县人民医院新院区项目
15			北京和平幕墙工程有限公司	北京大学第一医院保健中心工程
16			浙江亚夏幕墙有限公司	北京大学第一医院城南院区工程
17	机电安装	机电安装工程	济南鲁昌建筑工程有限公司	齐河县人民医院新院区项目
18			南通博群建筑工程有限公司	齐河县人民医院新院区项目
19		VRV空调	北京克雷弗特机电设备工程有限公司	北京大学第一医院保健中心工程
20		变配电	北京京供华谊电力工程有限公司	北京大学第一医院保健中心工程
21	智能建筑	智能化工程	山东利丰晟科贸有限公司	齐河县人民医院新院区项目
22			中船重工（武汉）凌久高科有限公司	山大二院医技综合楼
23			北京益泰牡丹电子工程有限公司	北京大学第一医院保健中心工程
24			银江股份有限公司	协和医院转化楼
25	精装	精装修	苏州金螳螂建筑装饰股份有限公司	齐河县人民医院新院区项目
26			北京北方天宇医疗建筑科技有限公司	北京大学第一医院保健中心工程
27	通风	通风空调工程	山东金智成建设有限公司	山大二院医技综合楼
28		空调工程	中安建设安装集团有限公司济南分公司	齐河县人民医院新院区项目
29	消防	消防工程	山东恒悦消防工程有限公司	齐河县人民医院新院区项目
30			北京博亚德消防安全智能工程有限公司	山大二院医技综合楼
31			中国中安消防安全工程有限公司	北京大学第一医院保健中心工程
32	供氧吸引	供氧吸引工程	山东益通安装有限公司	山大二院医技综合楼
33	气动物流	气动物流工程	山东东融环境科技有限公司	山大二院医技综合楼
34	泛光照明	照明	北京益泰牡丹电子工程有限公司	北京大学第一医院保健中心工程
35	电梯	电梯	北京中建英杰机电安装有限公司	北京大学第一医院保健中心工程
36	室外工程	室外工程	北京虔祺骏古建筑工程有限公司	北京大学第一医院保健中心工程
37			北京政平建设工程有限公司	北京大学第一医院保健中心工程

3.4 信息化技术

3.4.1 总体思路

将建成以智能化和数字化为基础的现代化医院，为适应现代化高新技术发展的需要，其信息化系统的建设为医院管理提供可靠、高速和灵活开放的传输平台和实现途径，为用户提供一个安全、便捷、温馨、功能齐全的工作及办公环境，并且为医院的物业管理提供高效、优质的技术手段，以有效地进行医院的综合管理。医院信息化系统的设计结合项目

的实际特点和应用需求，依据相关标准进行，在充分满足现⋯
系统设计适当超前，同时又应立足现在，面向未来，充分展示⋯
必要性和重要性。

3.4.2　总体目标

新医院建设将充分融合人性化、开放化、生态化理念，将急诊⋯
联在一起，功能分区明确，导向清晰，最大限度地方便医护人员和就⋯
化工程，采用现代信息技术、网络技术和自动化控制技术，将智能化⋯
结合医疗管理手段更高效、便捷、准确地提高医院的管理水平、医疗服⋯
作效率，满足医院整体建设需求，最大程度地整合关联资源，加强医院⋯
体协调，提升医院整体管理水平，更好地服务广大人民群众。

3.4.3　设计思路

秉承系统、科学的系统集成思路：

科学论证，统筹规划——对工程进行科学论证，统一制订计算机网络及⋯
设规划，提出最佳的总体实施方案。

整合资源，数据共享——整合资源，实现资源共享。

功能齐备，具有特色——能满足各界用户的需要，同时要具有特色应用服务⋯

分步实施，持续发展——工程建设要分步骤、分阶段、分层次，有序地进行⋯
技术的进步而不断发展，根据需要不断完善信息系统，实现各方面的集成应用功能⋯

依照条块结合、资源整合、信息共享、业务协同的建设思路，结合国际先进的⋯
理理念建设本项目，充分考虑不同系统的集成，利用信息共享和应用实现系统界面、⋯
逻辑、数据的集成，整合建设的信息业务应用系统，共享各个业务应用系统的运行状⋯
息，统筹安排信息化资源。

3.4.4　信息化系统技术方案

信息化系统工程建设包括以下主要内容。

1. 综合布线系统

必须满足众多用户对不同技术与服务的要求，同时还要遵从各种操作系统及标准协
议。结构化综合布线系统是兼容众多厂家设备的布线网络，它将先进的双绞线及光缆技术
完美地结合起来，而达到信息资源的共享，以满足用户的需求。

2. 计算机网络系统

医院内网：为满足医院日常办公需求、业务需求，以及未来的网络扩容，建设一套高

带宽全千兆有线＋无线网络。

业务外网：为满足互联网业务需要，建设一套高性能的全千兆外网。

智能设备网：建设一套智能化设备网，满足 IP 监控、IP 门禁、IP 广播等智能化系统网络传输需求。

3. 程控交换系统

针对医院的通信系统现状，提供一套具有强大的语音交换能力和无阻塞、维护费用低、维护方便、功能应用丰富等特点以及在开放性、扩展性和技术上具有领先性的现代化通信交换平台，使医院作为现代化的服务场所，拥有高层次、高效率、高安全性的入住和办公通信环境。

4. 无线覆盖系统

结合医院的无线网络，采用先进的基于智能无线交换架构的整体解决方案，可满足医院无线查房、无线护理等业务功能需求。整个无线网络系统建设需要覆盖整个医院各业务区域。

5. 视频监控系统

建设一套先进的、一流的综合安防系统，再配合以必要的人防、技防手段，实现对医院有效的全天候监控，全面、有效地保障医院各项工作运行的安全。视频监控系统是获取视觉信息最可靠、最重要的手段，通过设置在医院出入口、大厅、业务功能区域、楼内通道、电梯、楼梯口及室外公共活动区域等重要部位的摄像机进行全面监视及录像，所有监控信号进入监控中心。监控中心实现对图像切换与储存、区域显示的综合控制和管理。

6. 门禁管理系统

门禁系统的主要目的是实行对人员通行权限的管制，只有经过授权的人才能进入受控区域门组，本系统的实施将有效保障医院内的人、财、物的安全以及内部工作人员免受不必要的打扰，为该项目建立一个安全、高效、舒适、方便的环境。

7. 入侵报警系统

随着科技的日益发展，防盗系统也越来越先进，一个电子防盗系统包括双鉴探测器以及紧急按钮等各种探测方式，从多种角度确保公共财产、个人人身安全不受侵犯。入侵报警系统主要由重要区域的双鉴报警及特殊房间的紧急求助部分组成。根据各自不同的功能实现不同的防范目的，共同组成一个完整的报警体系。

8. 停车场管理系统

为医院打造现代、先进的停车场综合管理系统，有效解决传统医院的停车场存在的利用率低、人力投入大等问题。通过这套系统，可以提升整个医院停车的智能化和信息化程度，将原来需要人工处理的问题交由智能设备处理。既节省了大量的人工成本，又保证了各种数据的及时、准确、有效。车主可以通过各类引导设备快速、自如地找车位、取车，节省大量时间，容易对整个医院产生良好的印象。

9. IC卡水控系统

医院IC卡水控系统是为了控制用水量，避免资源的浪费。在花洒处安装IC卡水控制器，采用非接触式IC卡作为电子钱包，按用水时间收费，收费费率可以根据要求进行自由调整。通过管理软件进行设备参数设置、消费数据采集及查询、统计、报表上传、结算等处理，从而达到节约用水用电、科学收费、高效管理的目的。

10. 无线巡更系统

采用人防与物防相结合，在较重要的场所设置巡更点，对整个区域进行24h的巡逻。为了保证每个安保人员都尽职尽责，在合理设定的时间内，按时按路线巡逻，确保工作严密有效，也保障安保人员的安全，在突发事件时尽快反应，必须设立巡更管理系统。

本次设计为无线巡更系统，其特点是无需布管穿线，造价低，扩容方便。系统增加了强大的统计和管理功能，可随时编制及更改巡更路线、时间，可以提供各种准确、方便的巡更报表，能满足各种复杂多变的管理要求。

11. 无线电对讲系统

鉴于医院建筑物的金属屏蔽以及面积较大，无线电对讲机功率有限，无法满足所有楼层的信号覆盖，所以安全保卫工作无法保证。然而，应付突发性事件的处理，又都离不开快速反应的无线电对讲调度联系。简单的对讲机通信远远不能满足管理工作的需要，必须进一步完善和改造，满足随叫随通，大范围和地下室联系均有保障的通话效果。因此，必须建立一套无线电对讲系统，保证无线电信号覆盖率达到95%以上。

12. 公共广播系统

广播就是把知识、新闻资讯、活动、通知等信息从一点传播到广大的受众群体，并让受众群体了解、学习、掌握这些信息，进而产生一系列动作的媒介。针对综合医院的广播主要包括三部分，公共区域的背景音乐部分、人工呼叫广播部分、紧急广播部分。

1）背景音乐

背景音乐的主要功能是为大楼提供背景音乐等应用。背景音乐的主要作用是掩盖噪声并创造轻松愉悦的办公、生活氛围。前端扬声器要求均匀布置，无明显声源方向性，且音量适宜，不影响人群正常交谈，是优化环境的重要手段之一。

2）人工呼叫广播

通过人工呼叫广播可将人们所需的信息传送到医院的每一个角落，信息内容包括通知、天气预报、国际国内新闻等。当有寻人启事等信息需要分区发布时，可以在任意时间、任意地点对任意区域进行广播讲话或呼叫找人等。进行人工呼叫广播时，由话筒提供音源。

3）紧急广播

紧急广播系统是火灾或其他灾害的报警、疏散和指挥的必要设备和措施，本系统控制设备与消防设备可以联动。系统应采用数字技术控制，在数码语音录放器里预置火灾报警的语音合成，彻底消除人工广播报警可能带来的指挥不当或不及时引起的失误或混乱。

13．电梯五方通话系统

一个完善的电梯对讲系统（也称电梯紧急救援系统），是保障电梯安全运行的重要组成部分。一旦电梯出现了故障，被困在电梯中的人员可以通过电梯对讲系统与中控值班室、物业中心或相关负责人在第一时间取得联系，以便及时地解救被困人员，确保每一个电梯乘客的生命安全。

14．信息发布系统

（1）系统组织结构的灵活搭配：根据医院的应用规模，可设定单级或多级的树形组织管理、内容发布结构，方便系统统一管理、控制。

（2）发布内容的自主管理：系统可自主控制管理，可精确地定义播放内容的播放终端点、发布时间及发布周期。同时，支持相同或不同发布点分别播放相同或不同的内容。

（3）内容丰富且可灵活搭配：医院提供的素材可以是视频、文字、图片、动画、数据信息、文档，也可以来自互联网、电视频道、网络直播等多种途径。

（4）模板界面的自主设计：用户可自由定义各种显示风格；系统提供了全屏幕发布、自定义窗口发布及动态信息发布模式，并且分别支持16：9、4：3比例的模板自定义，及其显示器横屏或竖屏的完美表现。

（5）系统的兼容性设计：采用异构设计模式，支持各类操作系统，方便并灵活扩展。同时，控制多种媒体播放终端，为用户提供了最高的性价比选择。

（6）系统的易管理性：采用B/S架构，方便用户对系统的管理。远程登录访问，即可根据设定权限控制管理系统。

15．智慧病房呼叫系统

伴随着医疗体制改革的不断深化和信息化水平的提升，越来越多的患者需要迅速、方便地得到医院的各种各样的医疗信息服务。衡量一个医院的综合服务水平高低，不再仅仅局限于治疗水平，为患者服务，打造以患者为中心的服务理念正在成为适应现代社会需求的主流。如何利用先进技术为医院服务，更大程度地提高医院的服务质量，是医院信息化建设中的一个重要着眼点。

在智慧医院建设的大背景下，医护患对讲系统尽管从基本功能而言简单，但是新技术赋予了医护患对讲系统更多内涵。现在的医护患对讲系统不再局限于传统的电话线、485传输模式，而是全面转向以IP网络为线路基础的网络模型，在为患者提供呼叫、对讲功能的服务基础上，还能为患者提供电子床头卡、多媒体消息、用药通知、健康宣教、输液提醒等多方面的信息服务。

16. 网络电视系统

网络电视系统采用 IPTV 数字化电视，医院各病房或办公室以 IP 传输的方式收看电视节目，大幅度降低布线复杂性，是未来数字化医院的发展方向。系统在满足患者收看电视节目的基础上，同时可具有对住院患者的医院宣教功能、住院告知功能、辅助康复功能、辅助治疗功能、满意度调查功能、护理提醒功能等。

17. 医疗引导系统

结合医院具体情况建立一套"多媒体医疗导引显示"系统，该系统将全面提升医院的公共服务技术水平，提升服务档次，提升医患病人对医院的满意度。系统可实现以下提升：

（1）合理、有效引导来医院就诊的人流，改善就医环境；

（2）提升医院的视觉环境质量；

（3）提供明晰、有序的分诊显示，减少护士因导医咨询而产生的工作量，化解医患矛盾；

（4）多媒体精确显示，让患者有序候诊，减少患者间因排队而产生的矛盾与冲突；

（5）实现医院各个科室的动态多媒体导引；

（6）针对不同科室和职能部门，发布对应的医院特色服务信息；

（7）进行多媒体医疗宣传教育；

（8）实现医院门诊分诊叫号、医技科室预约、信息发布、自助地图导航等功能；

（9）实时接收传来的患者挂号信息、预约信息，并生成排队队列；

（10）叫号系统软件将各个排队队列数据推送到相对应的网络液晶显示屏上；

（11）网络液晶显示屏相对应地显示叫号信息，并实现同步叫号语音播报；

（12）设备采用液晶显示器与网络播放设备合二为一的一体化设计。

18. 数字时钟系统

数字时钟系统是一个大型通信计时系统，对保证智能楼宇系统运行计时准确、提高运营服务质量起到了重要的作用，是保证智能楼宇安全、稳定、协调和有序运行的重要组成部分之一。

医院的数字时钟系统根据医院的建筑特点及各功能单位的分布特点设置，各子钟分别设于病房楼、护士站、手术室及候诊大厅等公共场所，采用手术室专用时钟、护士站时钟等多面显示。患者及医护人员可以在各种距离内清楚地看到时间显示，子钟时间是实时跟踪母钟时间、实时刷新的，在计算机监控系统中可以实时看到每个子钟显示的时间、卫星信号接收情况以及主、备母钟的时间和运行状况。

19. 多媒体会议系统

现代多媒体会议室已成为现代新型办公建筑越来越重要的设计范畴，随着社会的发展，对音视频高质量和网络化集成设计都提出了全新的概念。现代化多媒体会议系统设计包括：高品质音响功能、高清晰度影像显示功能、综合会议信号处理功能、视频会议功能等。

20. 楼宇自控系统

楼宇自控系统是将建筑物或建筑群内的电力、照明、空调、给水排水等管理设备实现自动化的管理，以集中监视、控制和管理为目的而构成的综合系统。通过对建筑（群）的各种设备实施综合自动化监控与管理，为业主和用户提供安全、舒适、便捷、高效的工作与生活环境，并使整个系统和其中的各种设备处在最佳的工作状态，从而保证系统运行的经济性和管理的现代化、信息化和智能化。系统可以大量地节省医院的人力、能源，降低设备故障率，提高设备运行效率，延长设备使用寿命，减少维护及营运成本，提高建筑物总体运作管理水平。

21. 智能照明系统

按照管理部门要求，程序控制各种照明设备的开关时间，达到最佳管理及最佳节能的效果。统计各照明回路的工作情况、动力设备运行时间，并打印成报表，以供管理者及部门利用。当故障报警时，在中央监控计算机上会显示及打印报警。

22. 能耗采集系统

能耗采集系统由硬件设备和软件系统组成。硬件设备中的计量表和采集网关符合国家导则中的规定，用于对用能设备的数据采集和存储分析，具有工业系统的处理能力。系统设计符合建筑用户能源消耗环节的分类和分项要求，动态展现建筑用户的能耗监测、平均能耗、对标分析、能耗变化趋势等分析结果。

23. 集成系统

集成系统是运用计算机网络等现代通信技术，集网络技术、音视频技术、多媒体技术、环境控制技术、软件应用技术等于一体的高科技系统集成智能工程，它不是将一些设备的简单叠加，而是将现有的、成熟的先进技术以最优性价比合理地应用到系统工程中。从工程的实际功能需求出发，兼顾各子系统功能的完善性与尽量节省工程投资的实际情况，提出了综合管理系统的整体解决方案，使医院更能充分体现时代建筑的特征。系统集成管理软件对各系统进行有效的整合集成，对楼宇资源进行综合管理，主要实现以下系统的定制集成。

1）信息设施系统

包括：室内移动通信覆盖、综合布线系统、计算机网络系统、程控交换系统、网络电视系统、多媒体会议系统、信息导引及发布系统、无线电对讲系统、公共广播系统、电梯五方通话系统、院内导航系统、应急响应系统。

2）安全防范系统

包括：视频监控系统、门禁管理系统、入侵报警系统、无线巡更系统、停车场管理系统。

3）建筑设备管理系统

包括：楼宇自控系统、能耗监测系统、智能照明系统。

4）医疗专用智能化系统

包括：医疗引导系统、医护对讲系统、数字时钟系统、手术示教系统、婴儿防盗系统、手术行为管理系统、水控管理系统。

3.5 研发新技术

针对医疗类工程特点及行业发展趋势，为实现高效建造，可在表3.5-1所示方面进行新技术研发。

新技术研发清单　　　　　　　　　　　　　　　　　表3.5-1

序号	技术名称	适用条件	技术特点	高效建造优缺点	工期/成本	工程案例
1	构造柱阴角免支模切割方法	加气混凝土砌体阴角	通过切割，阴角免支模，并道免搭操作架	1.优点：工序减少，工期减少，成本减少。 2.缺点：构造柱截面改变，需要核算受力情况，确保安全	工期减少，成本减少	协和医院转化楼
2	大型医疗设备用房防护	有防护要求的医疗设备机房	通过一系列的防护措施，确保防护安全、不泄漏	1.优点：防护安全、可靠，技术合理，操作性强。 2.缺点：隐蔽验收多	工期减少，成本减少	协和医院转化楼
3	超厚混凝土裂缝控制方法	超厚混凝土或超长大体积混凝土	通过一系列措施，减少大体积混凝土裂缝	1.优点：质量控制好，工期减少，成本减少。 2.缺点：隐蔽验收增加	工期不变，成本减少	北京大学第一医院保健中心工程

4 高效建造管理

4.1 组织管理原则

（1）应建立与工程总承包项目相适应的项目管理组织，并行使项目管理职能，实行项目经理负责制。项目经理应根据工程总承包企业法定代表人授权的范围、时间和项目管理目标责任书中规定的内容，自项目启动至项目收尾，对该项目实行全过程管理。

（2）工程总承包企业宜采用项目管理目标责任书的形式，并明确项目目标和项目经理的职责、权限和利益。

（3）设计管理应由设计经理负责，并适时组建项目设计组。在项目实施过程中，设计经理应接受项目经理和工程总承包企业设计管理部门的管理。

（4）项目采购管理应由采购经理负责，并适时组建项目采购组。在项目实施过程中，采购经理应接受项目经理和工程总承包企业采购管理部门的管理。

（5）施工管理应由生产经理（或项目总工程师）负责，并适时组建施工组。在项目实施过程中，生产经理（或项目总工程师）应接受项目经理和工程总承包企业施工管理部门的管理。

（6）项目试运行管理由试运行经理负责，并适时组建试运行组。在试运行管理和服务过程中，试运行经理应接受项目经理和工程总承包企业试运行管理部门的管理。

（7）工程总承包企业应制定风险管理规定，明确风险管理职责与要求。项目部应编制项目风险管理程序，明确项目风险管理职责，负责项目风险管理的组织与协调。

（8）项目部应建立项目进度管理体系，按合理交叉、相互协调、资源优化的原则，对项目进度进行控制管理。

（9）项目质量管理应贯穿项目管理的全过程，按策划、实施、检查、处置循环的工作方法进行全过程的质量控制。

（10）项目部应设置费用估算和费用控制人员，负责编制工程总承包项目费用估算，制订费用计划和实施费用控制。

（11）项目部应设置专职安全管理人员，在项目经理领导下，具体负责项目安全、职业健康与环境管理的组织与协调工作。

（12）工程总承包企业应建立并完善项目资源管理机制，使项目人力、设备、材料、机具、技术和资金等资源适应工程总承包项目管理的需要。

（13）工程总承包企业应利用现代信息及通信技术对项目全过程所产生的各种信息进行管理。

（14）工程总承包企业应建立并完善项目协调体系，并适时组建协调组，由项目经理负责统筹协调业主、监理及相关政府职能部门间的关系。

（15）工程总承包企业的商务管理部门应负责项目合同的订立，对合同的履行进行监督，并负责合同的补充、修改和（或）变更、终止或结束等有关事宜的协调与处理。项目部应根据工程总承包企业合同管理规定，负责组织对工程总承包合同的履行，并对分包合同的履行实施监督和控制。

（16）项目收尾工作应由项目经理负责。

（17）医疗卫生类项目设计、招采、施工、验收交叉环节多，且部分医院仍采用施工总承包模式，应将工程总承包（EPC）管理理念在施工总承包项目中推行，按EPC项目模式推进，深入挖掘交叉机会。对施工总承包模式下建设单位主导的设计、招采、验收实施全周期延伸管理，在保证阶段合理周期的前提下，所有环节前置，缩短总周期，避免返工及因设计、招采原因导致的大面积停工现象，实现各环节无缝衔接，达到快速建造的目的。

4.2 组织管理要求

1. 组建项目管理团队

要求主要管理人员及早进场，开展策划、组织管理工作，项目总工、计划经理必须到位，开展各种计划、策划工作。根据医院规模大小和重要程度，设置专职施工方案、深化设计和计划管理人员。

2. 确定质量管理目标

根据招标要求或合同约定，确定项目工期、质量、安全、绿色施工、科技等质量管理目标，分解目标管理要求。

3. 研究策划工程整体施工部署，确定施工组织管理细节

结合医疗卫生工程结构形式、规模体量、专业工程、工序工艺和工期的特点，以工期

为主线、多专业协调为抓手，全面贯彻执行"全过程、全方位、全专业"的"三全"管理理念，分阶段选择关键节点，分级别、分责任人管控，实现总承包管理计划管控的"模块化、标准化、信息化"。

4. 根据工期管理要求，分析影响工期的重难点，制订工期管控措施

主要重点工程：机电安装、消防、弱电智能化、精装修、医疗气体、物流、净化、防护工程等。

5. 劳动力组织要求

土建劳务分包组织。根据土建结构形式和工期要求，结合目前劳务队伍班组组织能力，进行合理划分。

拟定分包方案（参照）：根据施工段划分和现场施工组织、主体劳务施工能力等情况，一般将工程划分为3或4个施工段，加快主体结构施工阶段施工速度，砌体工程可适当预留时间，待医院确定平面布局后再进行施工。

6. 以工序进度为主线，深化设计及招采进度均应以创造建造条件、满足施工进度要求为目标，提前展开

医疗专项分包深化设计单位招标时间应充分考虑深化设计周期（与深化设计工程量大小有关）以及施工插入时间节点，在施工前预留充分的准备时间。同时，医疗设备招采直接关系到医疗专项设计的工作开展，招标不及时会对工程进度造成较大的影响。

根据医疗卫生类项目特点，制订医疗专项分包设计招采及医疗设备招采和进场计划。具体参照表4.2-1、表4.2-2。

医疗专项分包设计招采时间表　　　　　　　　　　表4.2-1

序号	专业名称	设计周期	招标时间	施工穿插时间节点
1	污水处理系统深化设计	2～3个月	提前4个月完成	随主体结构预留预埋管道
2	医用气体深化设计	1～2个月	提前3个月完成	随砌体展开预留预埋管线
3	洁净工程深化设计	2～3个月	提前4个月完成	砌体开始时
4	口腔科、检验科深化设计	1个月	提前2个月完成	随砌体预留预埋
5	辐射防护全套深化设计（墙体、楼板防护处理，防护门、防护窗）	1～2个月；随主体结构设计完成，影响结构设计尺寸	提前2个月完成	1. 防辐射砂浆施工与砌体抹灰同步。2. 铅板防护施工在砌体抹灰完成后。3. 防护门、防护窗施工在砌体抹灰完成后
6	CT、DR、MRI、DSA、PET等医疗设备房深化设计	1～2个月；随主体结构设计完成，影响结构设计尺寸	提前6个月完成	辐射防护随砌体同步施工，设备在砌体、地坪完成后安装

续表

序号	专业名称	设计周期	招标时间	施工穿插时间节点
7	物流传输系统深化设计	1～2 个月；随建筑设计完成，影响建筑布局	提前 3 个月完成	在主体结构水平构件施工前确定站点位置是否需要在楼板留洞，同时注意在作管线综合深化时，因轨道在吊顶空间内占比和位置的唯一性，将轨道优先进行放样，在此基础上排布其余管线
8	UPS 电源系统深化设计	1～2 个月；随结构设计完成，荷载较大	提前 3 个月完成	地坪施工前
9	直线加速器房深化设计	1～2 个月；随主体结构设计完成，影响结构尺寸	提前 6 个月完成	房间结构随主体同步施工；设备在砌体完成后安装

医疗设备招标计划表　　　　　　　　　　表 4.2-2

实施阶段	设备名称	招标周期	最迟施工开始时间
设计阶段	直线加速器	5～6 个月	结构图纸设计开始前 6 个月
	物流传输设备	1～2 个月	结构图纸设计开始前 2 个月
	MRI	1～2 个月	结构图纸设计开始前 2 个月
基础施工阶段	DR	1～2 个月	砌体施工开始前 3 个月
	污水处理设备	1 个月	污水处理站深化图纸开始前 1 个月
	冷却塔、冷冻机、冷却水泵	1 个月	地下室封顶前 2 个月
主体施工阶段	CT	1～2 个月	砌体施工前 3 个月
	DSA	1～2 个月	砌体施工前 3 个月
	医用纯水设备	1～2 个月	砌体施工前 3 个月
	UPS	1 个月	机电安装施工前 2 个月
	牙椅	1～2 个月	机电管线安装前 3 个月
	锅炉	1～2 个月	砌体施工前 3 个月
装修阶段	液氧站	1～2 个月	室外配套工程开始前 3 个月

7. 工序穿插协调管理

尽可能进行穿插施工。底板施工阶段，防雷接地、机电预留预埋等工作与土建交叉施工；主体结构施工阶段，砌体结构、外立面幕墙穿插进行；砌筑与装饰施工过程中，机电管线、设备安装工作穿插进行。医疗卫生工程专业较多，应强化项目部内部管理人员工作效率与协调，增强与业主的联系，加强对劳务分包方的控制和与各供货厂商的协作，并明确各方及个人的职责分工；创造和保持施工现场各方面、各专业之间良好的人际关系，使现场各方认清其间相互依赖和相互制约的关系；加强与设计、甲方、监理及政府监管方的沟通，创造良好的施工环境。

8. 主要资源组织

充分运用公司在医疗卫生领域的资源储备优势，整合区域资源配置，快速调配优质资源。在工程实施过程中，建立合作共赢的机制，充分发挥企业品牌资源信息库的优势，选用专业能力顶尖、合作机制成熟的专业分包资源。在人力资源、物质资源、机具设备资源、技术资源和资金资源等方面通过科学管理、精心组织、周密安排，优化资源调配，采取有力措施来确保本工程工期、质量、安全和成本等各项目标的顺利实现。

9. 设计图纸及深化设计组织管理

正式图纸提供滞后，将严重影响工程施工组织，应积极与设计单位对接，并与其确定正式图纸提供计划。必要时分批提供设计图纸，分批组织图纸审查。

医疗卫生项目特殊专业较多，精装修、净化、信息化、污水处理等均需进行深化设计，必须提前选定合作单位或深化设计单位。积极与设计单位沟通，并征得其认可，有利于深化设计及时确认。根据对图纸要求的分析，制订深化设计专业及项目清单，组织相关单位开展深化设计，以便于招标和价格确定、施工组织管理、设计方案优化和设计效益确定。

应用 BIM 技术深化设计，发现机电安装中的问题，提高施工效率，为业主后期运维提供技术支持。

鉴于医院功能单元多、服务对象多、各科室意见多、变更多且专业性强的特点，各专业的设计接口较多，集成度高，视具体项目性质及项目进展情况确定设置设计部，并根据需要下设各专业设计人员，明确设计管理人员的职责。按照相关设计管理制度、流程及工作要求，针对本项目需求进行具体的设计管理工作。

协调业主方派专人（医疗卫生专家、医院科室主任、专家、教授等运营团队）参与专业设计的全过程，提前介入，审查图纸，并主要负责与设计方沟通，确保蓝图按照预定计划出图。同时，做好医疗工艺设计，将二次结构及精装修布置图纸报医院运营团队，固化图纸布局及做法，避免大面积二次返工及工期延误。提前邀请科室主任、专家提前布局，做好土建及安装施工阶段对后期设计风险、使用风险的化解。

在初设阶段已进行初次各科室意见调研的基础上，于二次结构开始施工前，邀请科室主任、护士长等来现场对建筑功能布局进行踏勘，形成签字版的意见反馈。及时提交设计院对建筑布局进行调整，可形成阶段性"建筑竣工图"作为施工依据，避免常规医院施工后期返工造成的工期及成本浪费。

同时，做好医院工程的服务配合，了解业主的使用与运营需求。建立院长负责制，定好改与不改的原则。因医院科室主任并非建筑专业出身，有时为自己部门后期使用便利考虑，常会提出修改意见。建立行政主管院长负责制，定好原则，布局调整策划后，已通过超前布局减少了大量拆改，后期若再有科室提出不同意见，不是原则问题不改动。

针对医院工程综合性强、净化要求高、设备管线错综复杂、功能要求高的特点，医疗专业设计迟缓进行设计修改，后期可能会影响使用功能，进而影响进度。

需消除专业专项设计认识误区（比如认为大型的综合设计院什么专业都可以设计），让专业的人做专业的事，避免造成专业出图深度不够无法指导施工的情况。特殊医疗专业专项设计根据进度计划要求提前穿插完成，避免后期返工修改。可提高出图深度，加快出图进度。

始终确保医疗专项设计前置，力争达到零拆改、零返工。轨道物流、净化工程、放射设备、中医制剂等专项医疗工程，可能涉及结构的水平及垂直洞口留设、预留预埋，应提前进行专业深化设计，避免后期返工修改。轨道物流在主体地下室封顶时即进场，对结构施工过程中需预留的竖向井道洞口提前确认，避免后期大量的开洞加固。

病理科特殊实验室深化，对墙体布局及顶部有毒气体送排风风管布置等提前深化，避免有限吊顶空间内排烟、空调、新风等无法综合排布，造成返工。

轨道物流需预留水平洞口及竖向墙体洞口、圈梁高度明确设计要求，在主体结构及二次结构施工中精准预留。

吊塔布置提前定位，ICU可能存在大跨无柱空间，如在预应力混凝土空心楼板上需提前埋设预埋件，避免后期打孔破坏预应力筋；通过与专业厂家对接，明确手术室、ICU的平面布局，3D俯视图，内景模型方案，使得院方确认吊塔、桥塔及无影灯预埋件形式大小及位置，在主体结构施工阶段进行预埋。

医用纯水及导医台、护士站、发药挂号窗口等医疗需用点位及部位深化，确保地面砖铺贴之前地插电气预留点位及给水排水预留点位准确。

中医特色治疗室强排风专业提前深化，确保在吊顶内的排布不影响其他功能管线，出口提前深化定位，在外装面板安装前后开洞准确，百叶封堵合理。

制剂中心提前由制剂主任确定制药工艺及设备选用，根据其制药工艺及人员流线，明确提取、提纯、灌封、灭菌、外包等功能房间布局，将设备与布局图重合，在满足使用的前提下重新调整建筑布局及功能，确保后期能够满足使用要求。

10. 应用新产品、新技术、新标准规范

大力应用新产品、新技术、新标准规范，对确保工程质量、缩短工期、保证安全、节约造价和节能降耗都具有十分重要的意义。积极采用新技术，通过科技进步提高工程科技含量，提高工程整体质量，并达到增加经济效益的目的。以已有工程经验、技术积累和社会技术专家为载体，积极进行本工程施工技术的开发与研究；将已经实践的施工技术以及企业多年来积累起来的施工数据，经充分挖掘后进行深层加工和理论探索，形成一套较完整的关键工程施工工法，直接用于指导施工建设。

11. 正式水电、燃气、暖气、污雨水排放等施工和医疗专项等验收组织

项目施工后期，水电等外围管网的施工非常重要，决定能否按期调试竣工。总包单位

要积极对接发包方和政府市政管理部门，积极配合建设单位、专业使用单位尽早完成施工，协助发包方办理供电、供水和燃气验收手续，并与建设单位一起将此项工作列入竣工考核计划。

针对医疗专项验收，深度挖掘与施工的交叉机会，在洁净区域、放射等医疗专项工程施工前，注意同种设备不同品牌厂家，对放射机房等的设计不同，提早确定进场相关参数，并优先邀请卫健委进行预评估。将验收可能存在的问题暴露在初版图纸之后，正式施工之前，将预验收环节充分前置，吸取已运营使用医院的专家意见及时完善修改并二次出图，确保最后一次性验收通过。

在洁净区域、放射等医疗专项工程施工前，邀请放射设备厂家到现场勘察，提出放射屏蔽防护验收可能遇到的问题：

（1）各机房顶部尽量不允许有下水管道，可考虑改到墙边，防止渗漏点位于设备正上方，同时做好防水及漏水引流措施，防止漏水损坏设备。

（2）CT、MR、DSA操作机房的现有观察窗尺寸偏小，观察视野受限，存在医疗安全隐患，需要扩大至1500mm（宽）×1200mm（高）。

（3）MRI磁体间至设备间现有门洞需堵死，否则无法形成封闭的磁体防护空间，设备间外立面玻璃幕墙里需要用砖墙封死，防止西晒影响设备的核磁反应。设备间室外需要制作8m×2m混凝土基础用于放置室外机组，设备吊装时需要在磁体间预留洞口外搭建临时吊装平台。

消防验收等竣工验收强制性条款与医疗专项验收之间也同样存在交叉，隔行如隔山，消防和医疗对建筑功能实现与布局的要求截然不同，提前发现矛盾，施工阶段即对后期验收风险、使用风险进行化解。

如某项目MRI磁体间因房间面积大于50m^2，按消防设计要求，需在顶部设置排烟管道，但核磁间内不允许有任何金属物品，因为那样将会影响设备工作磁场，造成无法运行。

通过提前发现矛盾问题，制订对策提前解决消防验收与医疗专项验收间的矛盾，将房间面积减小，以满足消防验收规范要求；取消排烟管道伸入房间，确保核磁设备运行稳定。

医疗类项目验收

5.1　分项工程验收

按照国家、行业、地方规定及时联系相关单位组织分项验收。涉及医院工艺专业工程，不在建筑工程十大分部范围内的分项工程验收时，检验批及分项验收资料地方有规定的按地方规定，无地方规定的根据施工内容套用十大分部内的相同内容，无相同内容时根据验收规范自行编制资料表格进行资料编制。

5.2　分部工程验收

按照国家、行业、地方规定及时联系相关单位组织分部工程验收，见表 5.2-1。

分部工程验收清单　　　　　　　　　　　　　表 5.2-1

序号	验收内容	注意事项	验收节点	验收周期（d）	备注
1	地基与基础	桩基检测	基础完工	1～5	分阶段检测、验收
2	主体结构	结构实体检测	主体完工	1～5	分阶段检测、验收
3	建筑装饰装修	室内环境检查	检测完成	1～5	
4	建筑屋面	—	屋面完工	1～5	
5	建筑给水排水及供暖	火灾报警及消防联动系统检测	分部完成	15	分阶段检测、验收
6	建筑电气	防雷检测	分部完成	1～5	分阶段检测、验收
7	智能建筑	智能建筑系统检测	检测完成	1～5	分阶段检测、验收
8	通风与空调	空调综合能效检测	分部完成	5～10	根据当时气候确定验收冷暖
9	建筑节能	—	分部完成	1～5	

续表

序号	验收内容	注意事项	验收节点	验收周期（d）	备注
10	电梯	电梯安全检测	检测完成	5～10	
11	市政管网验收	—	分部完成	15	

5.3　单位工程验收

按照国家、行业、地方规定及时联系相关单位组织单位工程竣工验收。

5.4　关键工序专项验收

施工过程中及施工结束后应及时进行关键工序专项验收，确保竣工验收及时进行，见表 5.4-1。

关键工序专项验收　　　　　　　　　　表 5.4-1

序号	验收内容	验收节点	验收周期（d）	备注
1	建设工程规划许可证	开工	30	包含取证时间
2	施工许可证	开工	30	
3	桩基验收	桩基处理完成	5	过程分批验收，最后一次完成单项验收
4	幕墙专项验收	幕墙完工	10	
5	钢结构子分部专项验收	钢结构完工	20	
6	消防验收	消防完工	15	
7	节能专项验收	节能完工	5	
8	规划验收	装饰完成	30	包含报资料、复测、报告
9	环保验收	室外工程完成	30	包含提交资料时间，建筑工程环境指标检测（包含医疗机构污水、废气、噪声、固体废物等方面）
10	人防验收	人防工程完成	30	
11	净化工程	净化工程完成	10	洁净区、污染区、半污染区由第三方检测机构进行综合性能评定检测，包括射线、温度、湿度、洁净度、气密性等内容
12	白蚁防治	白蚁防治完成	10	
13	档案馆资料验收	竣工验收前	30	

6 案例（北京协和医院）

6.1 案例背景

中国医学科学院北京协和医院转化医学综合楼项目，地处首都长安街核心地区，是"十三五"规划的全国五个转化医学综合楼中首个正式实施项目。建成后将为推动转化医学研究作出应有的贡献，为首都及全国人民带来更好的医疗服务。

6.2 医疗类工程概述

6.2.1 工程概述

本项目建设地点为北京市东城区帅府园1号北京协和医院东院区。东邻东单北大街，南邻现状护士楼，西邻现状内科楼，北邻现状门诊楼及手术科室楼。本建筑主要功能为科研。其中，地下五层主要包括汽车库（均为平层，停车73辆）、回旋加速器（高能非自屏蔽及中能自屏蔽各1台）及附属用房、衰变池、机电用房等，层高3.7m；地下四层主要包括核医学科学化合成室及附属用房、放疗科直线加速器（共7台）及附属用房、实验动物验证平台、PET-MRI（3T，另有高性能CT 1台）及附属用房，层高5.65m；地下三层主要包括核医学科治疗观察研究室（16间16床）及甲亢、吸碘治疗区，放疗科模拟定位（常规模拟2台，CT模拟2台，核磁模拟1台）及附属用房，放疗科后装插植室（共2台）、近距离后装机（共2台）及附属用房、生物样本库及附属用房、机电用房等，层高4.8m；地下二层主要包括等候大厅、核医学科SPECT（共7台）及附属用房、放疗科热疗室（共1间）及工作用房、机电及维修用房等，层高5.3m；地下一层主要包括接待大厅、核医学科测试区（测试室共3间）及附属用房、放疗科测试区（测试室共7间）

及附属用房、核医学科 PET-CT（共 3 台）及附属用房、机电用房等，层高 4.5m；首层主要包括接待及测试大厅、药房、转化医学测试区（测试室共 15 间）、应急指挥中心、7T-MRI 及附属用房等，层高 6.0m；二层主要包括 200 人的阶梯会议厅（二层部分）、远程会商、办公示教、研讨区、科研平台等，层高 4.35m；三层主要包括 200 人的阶梯会议厅（三层部分）、实验室（A 类 2 间、B 类 7 间、C 类 2 间、D 类 1 间）及附属用房等，层高 4.35m；四层主要包括细菌培养室、蛋白质组学实验室、PCR 实验室、样本处理区、实验室（C 类 4 间）及附属用房等，层高 4.35m；五层主要包括个性化医学技术区、信息机房、临床疗效验证区、实验室（B 类 3 间、C 类 2 间、D 类 1 间）及附属用房等，层高 4.35m；六层主要包括细胞培养室、质谱室及附属用房、虚拟人研究区（含 B 类实验室 1 间）及附属用房等，层高 4.35m；七层主要包括临床研究观察室（106 床，其中 3 人间 34 间，4 人抢救室 1 间）及附属用房，层高 4.35m；八层主要包括临床研究观察室（科研专用，105 床，其中 3 人间 34 间，2 人抢救室 1 间，1 人抢救室 1 间）及附属用房，层高 4.35m；九层主要包括临床研究观察室（66 床，其中 3 人间 8 间，2 人间 16 间，2 人抢救室 1 间，1 人洁净病房 8 间）及附属用房，层高 4.35m；十层主要包括屋面楼梯、电梯机房、水箱间、净化机房，层高 4.1m。

本工程人防建筑面积 4639m²，防空地下室设置在转化医学楼主楼的地下四层，战时用途包括中心医院与固定电站（平时为大型医疗设备用房，战时为以医技功能为主的中心医院，柴油发电机房平时不用，战时为固定电站）。抗力等级为核 5 级，常规 5 级，防护级别乙级。地下五层为非人防区，但由于其上部楼层地下四层为人防地下室，因而地下五层的周边外墙及基础底板按人防区进行抗力设计，并设置防护密闭门。同时，地下五层考虑人防抗力设计的范围不小于地下四层人防范围，超出地下四层人防范围部分的地下五层顶板按五级人防抗力设计。

6.2.2　关键工期节点

见表 6.2.2-1。

北京协和医院转化楼项目关键节点工期　　　　　　　　　　表 6.2.2-1

序号	关键节点	完成时间
1	项目中标	—
2	项目团队正式进场	—
3	基础底板	开工后 178d
4	结构出正负零	开工后 203d
5	结构封顶	开工后 316d

续表

序号	关键节点	完成时间
6	屋面工程	开工后 740d
7	机电安装	开工后 925d
8	电梯	开工后 912d
9	幕墙工程	开工后 925d
10	精装修工程	开工后 925d
11	室外工程	开工后 957d
12	竣工验收	开工后 957d

6.3 项目实施组织

6.3.1 项目实施时间

本工程开工日期为 2018 年 10 月 16 日，竣工日期为 2020 年 10 月 9 日。其中，主体结构封顶时间为 2019 年 8 月 30 日，经过计划调整与优化，项目编制了实施计划表（表 6.3.1-1）。

实施计划表　　　　　　　　　　　　　　　　　表 6.3.1-1

序号	项目	实施时间
1	1 号塔式起重机	2018 年 10 月 16 日至 2018 年 12 月 17 日
2	临时周转平台（钢平台）	2018 年 12 月 15 日至 2019 年 1 月 10 日
3	伸缩式卸料平台	2019 年 3 月 15 日至 2019 年 6 月 10 日
4	流态固化土回填	2019 年 6 月 30 日至 2019 年 8 月 25 日
5	BIM 应用（场地布置，方案交底，样板比选）	2018 年 11 月 25 日至 2019 年 8 月 30 日
6	大体积混凝土施工（溜管，跳仓法）	2018 年 10 月 20 日至 2019 年 4 月 1 日
7	重晶石混凝土优化	2019 年 3 月 1 日至 2019 年 4 月 15 日
8	悬挑脚手架一次到位	2019 年 5 月 30 日至 2019 年 8 月 25 日

6.3.2 项目实施重难点分析

1. 管理重点

（1）本工程地处首都核心区，场地条件特殊，场内空间超紧，仅南侧存在部分可用场地，但地面管道众多，为最大化利用场内空间进行材料倒运，缩短材料运输及等待时间是本工程管理重点。

（2）本工程三面临楼、一面临街，且基坑超深（存在地下承压水条件），故塔式起重机选型与布置是本工程的一个重点。

（3）主体结构混凝土（大体积、重晶石等）施工质量的保证与施工速度的提升是本工程快速建造实施的重点。

（4）一次成优成型，减少拆改及材料浪费，并降低过程中的安全风险，使本工程实现快速建造，达到绿色施工的目标。

2. 管理难点

（1）本工程与地下通道为两个独立项目，且通道为后中标项目，前期无坡道进出地下室，且南北区施工进度差异较大，将地下室模板和架体进行材料周转，形成合理的流水施工是本工程一大难点。

（2）本工程肥槽宽度较窄（局部 1.2m），确保肥槽回填的质量、安全与速度，及时完成平面布局的转化，是本工程管理难点。

（3）地下室混凝土结构复杂多样，大体积混凝土、重晶石混凝土、多处变截面构件等，过程施工质量与安全的把控难度较高。

6.4 高效建造技术

6.4.1 塔式起重机选型技术（定制塔式起重机型号）

1. 现场条件

本工程场地条件特殊，北侧门诊楼建筑高度 54m，西侧内科楼建筑高度 47m，南侧微生物循环研究所建筑高度 37m，基坑深度 24.35m（筏板厚 1800mm），且承压水层在 26.20～26.90m，本工程建筑高度 45m。

2. 塔式起重机选型

因本工程总用电量受限，增容后选用 2 台塔式起重机（总用电量满足现场条件），且北侧紧邻门诊楼，同时考虑覆盖面积及吊重，故 1 号塔式起重机选用 STT373A-18t，自由高度 86.4m（定制塔式起重机，无须附着），臂长 70m，端部吊重 3t；南侧紧邻微生物循环研究所，故 2 号塔式起重机选用 STT253B-10t，自由高度 66m，臂长 55m，端部吊重 4.1t，期间附着一次，最终高度 78m。

选型之初，项目部联合厂家、业主、监理进行定制型号塔式起重机专家论证会（图 6.4.1-1、图 6.4.1-2）。

1 号塔式起重机（STT373A-18t），安装高度 86.4m（无附着，塔身采用 5×H270（加强节）+ G27069B3（转换）+ 1×L 69B 3ZK + 3×L 69B 3 + 14×L 69B 1），臂长 70m，覆盖面积及吊重满足现场需求（图 6.4.1-3、图 6.4.1-4）。

图6.4.1-1 专家论证会

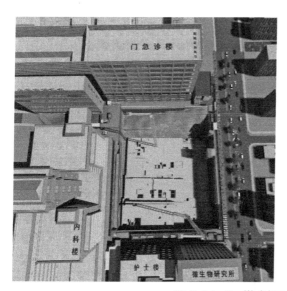
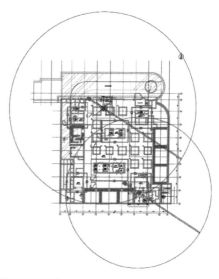

图6.4.1-2 塔式起重机平面布置

图6.4.1-3 1号定制塔式起重机相对位置关系

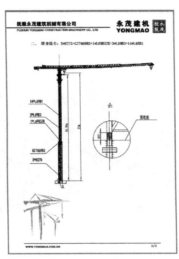
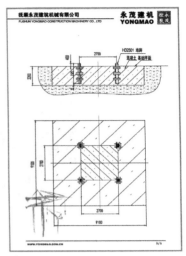
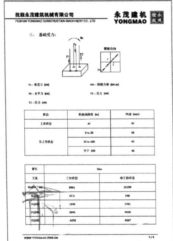
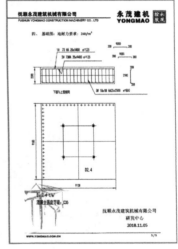

图 6.4.1-4　1号塔式起重机参数

6.4.2　临时周转平台技术（钢平台）

1. 现场条件

本工程场地条件特殊，仅南侧存在部分可用场地（约 6m 宽），但管道众多（约占 2m 宽），为最大化利用此处场地，经项目部讨论搭设钢平台，上部进行材料临时周转，下部作临时库房。

2. 钢平台设计

经与支护设计单位沟通，利用基坑支护允许荷载参数反推设计钢平台，基坑支护设计中南侧基坑上口 2m 外荷载不得大于 25kPa，钢平台总重 177t，每平方米荷载 25kN，平台上部限载 500kg/m²，满足基坑支护设计荷载要求（图 6.4.2-1～图 6.4.2-3）。

图 6.4.2-1 设计单位确认

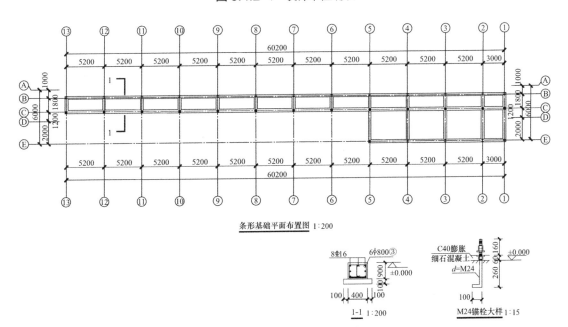

条形基础平面布置图 1:200

图 6.4.2-2 钢平台基础设计

6.4.3 无须预埋可伸缩式卸料平台技术

1. 场地条件

本工程与地下通道为两个独立项目，且通道为后中标项目，前期无坡道进出地下室（地下通道尚未施工），且南北区施工进度差异较大，南区施工较快，地下室模板、架体倒运难度大。

利用南区 2 个吊装口，其中 2 号塔式起重机位于 2 号吊装口，经项目部讨论在西南角 1 号吊装口（6450mm×5950mm）利用塔式起重机进行出料及材料倒运，为不影响每层材料倒运，安装可伸缩式卸料平台（图 6.4.3-1）。

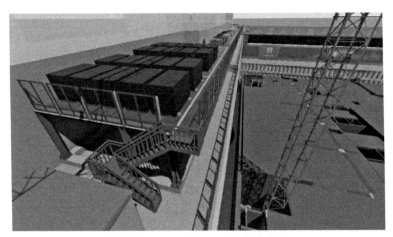

图 6.4.2-3　钢平台 BIM 场地模拟

图 6.4.3-1　吊装口位置

2. 无须预埋可伸缩式卸料平台设计

可伸缩式卸料平台由组合钢支撑、固定架、移动平台、翻板、护栏、安全门等构成，如图 6.4.3-2 所示。

1）组合钢支撑

组合钢支撑四根为一组，可根据现场安装高度调节长度，其垂直压紧于上层楼板与固定架之间，实现固定架的压紧定位。

2）固定架

固定架由左右侧外导轨、外导轨连接桁架、滚轮组件等构成，其固定于楼板上，为移动平台提供导向支撑功能。固定架的固定方式有两种，第一种是组合钢支撑压紧方式，组合钢支撑以法兰连接方式与固定架连接，支撑于两楼板之间，实现压紧固定的功能；第二种是预埋螺栓固定方式，在固定架的两侧导轨上均有预埋螺栓连接孔，通过预埋螺栓将固定架安装于楼板上。

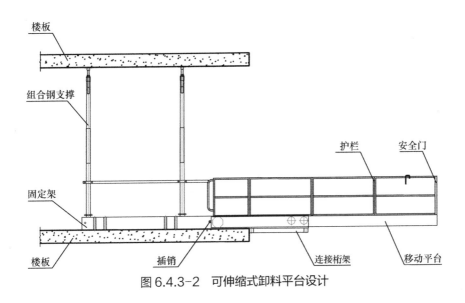

图 6.4.3-2 可伸缩式卸料平台设计

3）移动平台

移动平台由三个移动平台底架、左右侧导轨、滚轮等构成，三个移动平台底架与左右侧导轨通过螺栓连接固定，形成移动平台主体结构，移动平台通过滚轮组件可沿固定架的导轨实现前后移动，实现伸缩式卸料平台的抽出及折叠功能。移动平台抽出时沿固定架导轨移动到外端，到位后应将插销插入固定架的连接孔内固定，从而保证施工工况时移动平台与固定架之间稳固连接（图 6.4.3-3）。伸缩式卸料平台存放或移运时可将移动平台折叠至固定架的最左端，并将插销插入固定架的连接孔内固定，从而减小外形尺寸，方便存放及移运（图 6.4.3-4）。

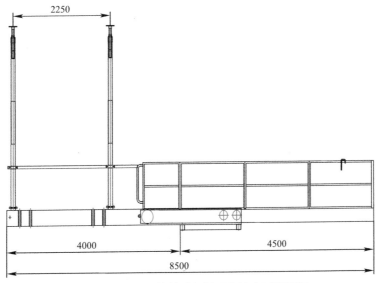

图 6.4.3-3 可伸缩式卸料平台抽出时示意图

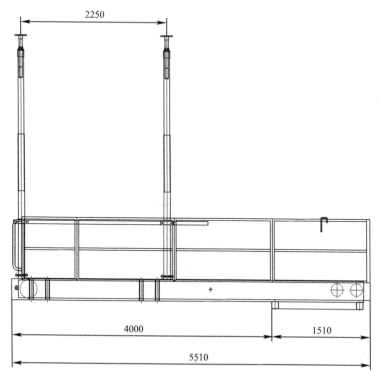

图 6.4.3-4　可伸缩式卸料平台折叠时示意图

卸料平台采用组合钢支撑压紧方式（图 6.4.3-5～图 6.4.3-7）。

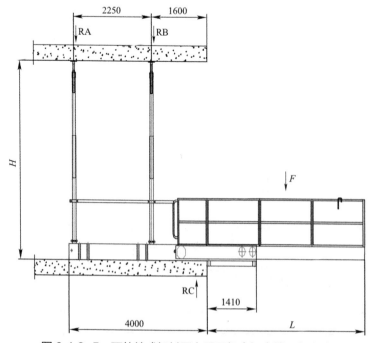

图 6.4.3-5　可伸缩式卸料平台采用组合钢支撑压紧方式

图 6.4.3-6　可伸缩式卸料平台实体

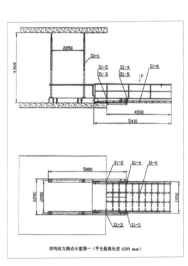

图 6.4.3-7　可伸缩式卸料平台检测证书

6.4.4　预拌流态固化土回填肥槽技术

西侧肥槽无 240mm 保护墙砌筑空间，无法进行 2：8 灰土回填；南侧肥槽砌筑完 240mm 保护墙后净宽仅剩 1260mm，机械无法在内部回转（需要 1500mm 空间进行回转），只能采取人工夯实；东侧肥槽砌筑完 240mm 保护墙后净宽仅剩 960mm，机械无法在内部回转，只能采取人工夯实；基坑东侧、南侧锚杆处渗漏严重，无法止水，采用灰土回填无法夯实到位，极易产生沉降（图 6.4.4-1）。

经过工期分析，若使用塔式起重机吊运土方进行回填，每小时可吊 8m³，一天只可回

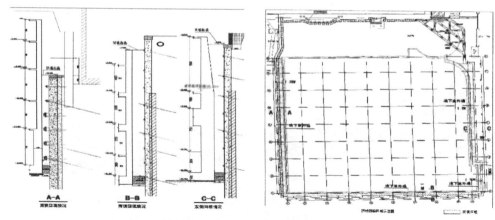

图 6.4.4-1 肥槽回填剖面及平面图

填约 60m³，仅南侧肥槽就需要 40d（不考虑塔式起重机夜间吊运其他材料及打夯机，且砌筑不受影响的情况下），回填完成总计需要约 150d，塔式起重机拆除前无法完成回填工作。为解决夜间材料运输问题及不影响施工，采用预拌流态固化土，其强度高，施工便捷，综合分析认为，节约人力、物力（图 6.4.4-2）。

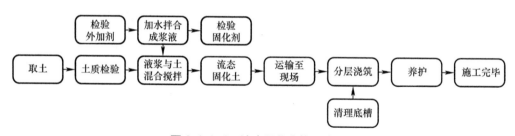

图 6.4.4-2 流态固化土施工流程

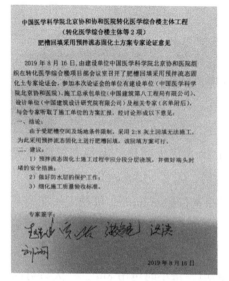

图 6.4.4-3 专家论证意见

通过方案优化、专家论证等，现场顺利实施流态固化土回填施工，最快可达到 3min 回填 20m³，在夜间施工时长有限的情况下可以实现 500m³/d 的施工速度，保证了肥槽回填顺利，及时完成平面转化（图 6.4.4-3、图 6.4.4-4）。

6.4.5 大型医疗设备机房混凝土施工技术

本工程地下五层①～③/Ⓜ～Ⓝ轴为高能非自屏蔽回旋加速器（18MeV），原设计为 2.3m 厚墙面及顶板，采用密度不小于 3.5kg/m³，强度 C35 的重晶石混凝土施工（图 6.4.5-1）。

溜槽浇筑约3min/车(20m³)

图 6.4.4-4　回填实施现场

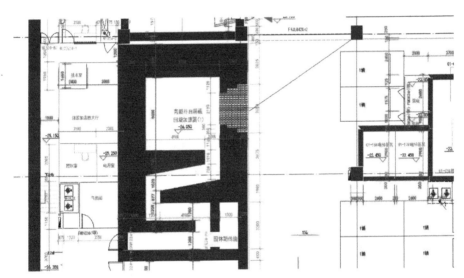

图 6.4.5-1　回旋加速器机房（非自屏蔽）

（1）此材料中重晶石骨料稀缺，市场商品混凝土站难以购买，无法保证按工期要求进行施工。

（2）受车辆禁行等影响，现场仅能在夜间施工，重晶石混凝土浇筑速度慢，车辆运输量小，无法满足时间要求。

（3）重晶石混凝土密度较大，导致超厚顶板支撑体系施工安全风险高。

通过与建设单位、设计单位沟通，该部位采用重晶石混凝土施工，方量大、难度大，易产生质量隐患；并结合国际原子能机构相关规范与协和医院核医学科专家沟通，院方同意将重晶石混凝土优化为普通混凝土。

重晶石优化变更后，现场浇筑完成以后对放射源检测通过，满足国际原子能机构规范《回旋加速器生产的放射性核素设施设置指南》（图 6.4.5-2）、我国《核医学放射防护要求》（尚未实行国家标准）的相关要求。

优化后，提高了混凝土墙体厚度（2.3m→2.8m），并用铅板进行防护，满足相关防辐射要求。模拟了设备运输方案（BIM），现场按此方案进行施工，一次成型，减少后期变更，提高了整体施工速度（图6.4.5-3～图6.4.5-5）。

本工程底板为1.4、1.8m厚，地下四层含7台直线加速器室及大型医疗设备机房，混凝土墙体最厚达3m。普通混凝土浇筑速度在现场交通、场地受限的情况下无法满足施工需求，故采用溜管进行大体积混凝土浇筑。

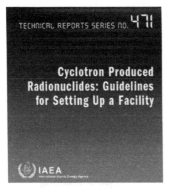

3.3.2. Vault construction

The actual construction of the vault is nearly always of concrete, but the entrances, penetrations, floor type, wall coatings, etc. all play important parts in the ease of use and safety of the vault.

Mazes versus doors. One of the considerations in the design of the facility is the use of a maze versus the use of shielding doors for entry into the cyclotron vault. Mazes make entry very simple, but require careful calculation as to the effectiveness of the radiation shielding. Several turns are required to minimize the neutron flux at the entrance of the maze. Another disadvantage is that mazes require the vault to have a larger footprint. As a result, the total cost of the concrete for this larger footprint will be increased. In sliding doors or whenever it is advantageous to reduce the thickness of doors or shields, barite concrete (concrete with added barium sulphate) may be used since it has higher density.

图6.4.5-2 国际原子能机构相关规范条文

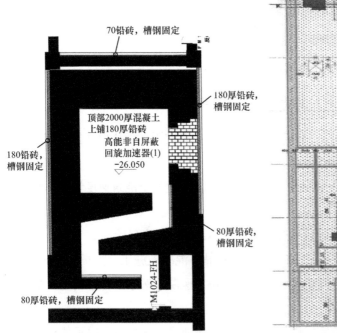

图6.4.5-3 机房墙体变更

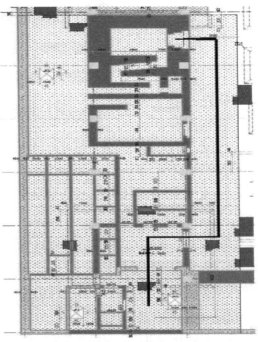

图6.4.5-4 设备运输路线

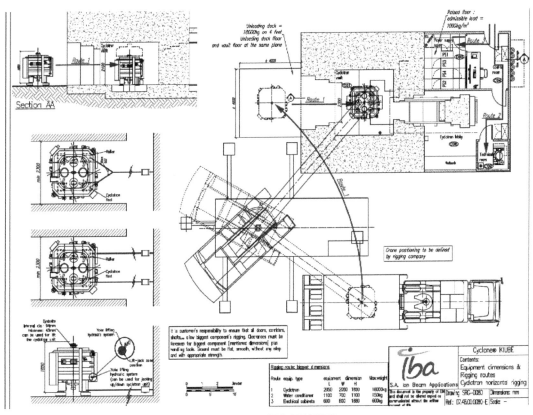

图 6.4.5-5　设备运输示意

通过使用溜管进行大体积混凝土浇筑，最快可达 $120m^3/h$，保证了现场施工速度，确保大体积混凝土浇筑质量（图 6.4.5-6）。

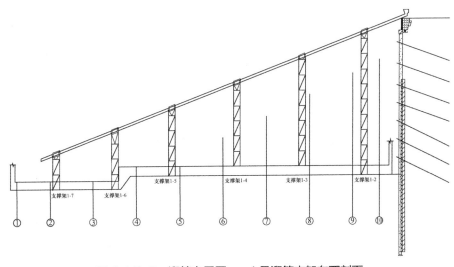

图 6.4.5-6　溜管布置图——1号溜管支架东西剖面

6.4.6　BIM 应用技术

1. 场地规划

本项目地理位置特殊，场地空间狭小，通过 BIM 技术实现从 2D 场地平面布置到 3D 场地分析规划，人员、材料、机械排布更为合理，布置专用定制塔式起重机；同时，与甲方充分沟通，在既有建筑旁设置 3 个生活办公区，提高了空间利用率（图 6.4.6-1、图 6.4.6-2）。

2. 方案交底

技术方案 BIM 可视化交底，优化及验证技术方案合理性及可行性，完善技术方案，提升方案交底直观性，提高现场施工准确性，避免返工，保证工期（图 6.4.6-3、图 6.4.6-4）。

3. 样板选型

本工程是全国首次在施工项目中运用四面 LED 屏幕，打造 BIM+CAVE 沉浸式体验馆，让每一位体验人员身临其境，对管线排布（图 6.4.6-5）、工艺样板（图 6.4.6-6）、方案比选、精装修效果等内容有更加深刻的理解。项目工期异常紧张，方便的技术交底、方案比选，加快了交流进度，保证质量一次成优。

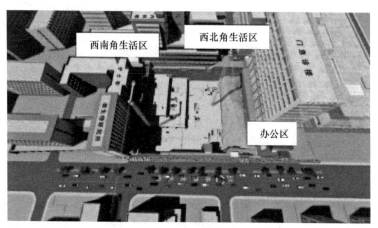

图 6.4.6-1　场地规划

图 6.4.6-2　CI 布置

图 6.4.6-3　钢结构交底

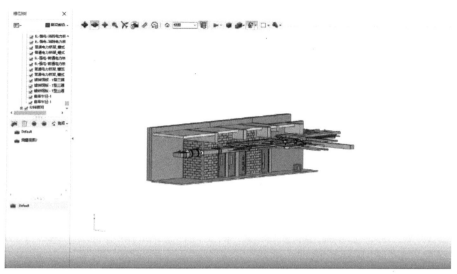

图 6.4.6-4　砌体样板交底

图 6.4.6-5　管线排布

图 6.4.6-6　工艺样板

通过邀请建设方、设计方、监理方共同进行精装方案的比选，有效缩短了沟通、会议等流程，直观地确定施工方案，为实现快速建造做好了策划的基础（图 6.4.6-7）。

图 6.4.6-7　精装方案及参建方方案比选

图 6.4.7-1　现场布置图

6.4.7　可周转高仿真绿植围挡技术

在围挡周边采用一定的装饰，以高仿真绿植最大程度地接近真正植物围挡的效果，达到现实植物无法达到的视觉传达效果，满足医护人员及患者对自然的追求（图 6.4.7-1）。组成部分包括工程围挡、十字平头燕尾丝、镀锌垫圈、工程围挡上的可拆卸钢丝网片和固定在钢丝网上的高仿真绿植。以上措施提高了院内患者的舒适程度，减少了投诉等风险，提升了周边的安全与环保意识，为快速建造提供了一个良好的环境。

6.5　高效建造管理

6.5.1　管理措施与风险控制

1. 定制 STT373A-18t

严格按照厂家提供的安装方案进行安装，安装过程全程旁站监督、记录，并定期对塔式起重机进行检查。使用过程中严格对信号工、塔司等特种作业人员进行教育培训，严禁超载使用；大风、雨雪天气及停复工后加强对塔式起重机的检测。

2. 临时材料周转平台

（1）将深化设计成果以图纸的方式报予建设单位、设计单位、监理单位等各相关参建单位签字确认，并进行存档处理。

（2）严格按照限载要求及平面管理方案进行管理，同时加强对基坑南侧及周边建筑物的监测频率，保证基坑及周边建筑物安全。

3. 无须预埋可伸缩卸料平台

因此种平台在国内很少使用，需对平台进场材料进行检测，安装过程全程旁站监督、记录，使用过程中严格按照限载要求进行，严禁超载，并对平台按照要求进行定期检查。

4. 流态固化土回填

对流态固化土的实施方案组织专家论证，验证其能否满足肥槽回填的质量与安全要求，并在过程中实施监督，严格按照经专家论证后的方案实施与核查，确保肥槽回填的施工质量。

5. 重晶石混凝土变更与大体积混凝土施工

重晶石混凝土变更依据与协和医院核医学科共同论证，确保满足甲方使用、后期环评要求。底板、机房等大体积混凝土施工利用溜管进行浇筑，同时协调好车辆运输供应，满足浇筑时间要求，确保施工质量。

6. BIM 应用

利用 BIM 进行场地规划、方案交底、样板比选，提前进行管线综合排布，确保预留预埋一次合格，减少过程中的钢筋模板拆改、后期结构墙体开洞等，为实现快速建造做好策划准备。

7. 绿植围挡应用

通过设置可周转的仿绿植围挡，为医院内患者营造和谐的环境，改善工程形象；在医院内建立绿色的施工环境，减少施工过程中的投诉，提升周边整体安全意识。

6.5.2　过程检查与监督

1. 工期进度控制

在决策及实施周期内，严格按照进度计划实施。

2. 施工管理控制

项目成立施工管理小组，从设计、现场实施到使用全过程进行质量监督和控制。

3. 施工质量控制

在实施过程中严格按照设计图纸实行对质量的严格把控，成立质量优化小组，建立周质量例会、周质量现场巡检制度等。

4. 安全管理控制

制订联合安全检查制度，定期监测，并对监测报告进行分析，发现问题及时整改。

6.6　项目管理实施效果

6.6.1　实施效果

通过定制塔式起重机、钢结构卸料周转平台、伸缩式卸料平台、流态固化土、BIM 应用、重晶石混凝土变更等管理措施、技术创新措施，项目部顺利于 2019 年 8 月 28 日完成结构封顶的工期节点，实现了首都狭小场地下快速建造的目标（图 6.6.1-1）。

6.6.2　经济效益

（1）经过项目部策划实施，解决了首都核心区特殊场地条件下垂直运输的难题，提高

图 6.6.1-1　顺利封顶

了材料周转效率，节省了材料费、人工费、管理费等各项支出，提高了施工速度，完成了工期节点，经济效益显著。

（2）通过普通混凝土替换重晶石混凝土进行施工，减少了重晶石混凝土的用量（单价较高且为亏损项），浇筑施工速度更快，确保核医学机房施工质量、节约工期的同时实现优化效益约 220 万元，已完成公司双优化立项。

（3）通过流态固化土代替传统土方回填，从分层回填、夯实的施工方法，改为直接利用溜槽进行回填浇筑，极大地缩短了工期，促进平面转化，实现优化效益约 80 万元，已完成公司双优化立项。

6.6.3　社会效益

定制塔式起重机（STT373A-18t）、无须预埋的可伸缩式卸料平台均为首次应用，对项目后期各种关键技术及成果提供了支撑，节约了施工工期。

通过 BIM 深化设计，促进项目开展 BIM 学习应用，提前使设计、甲方参与，共同协商、交流的管理模式，减少了工程的拆改变更，加快了施工速度，也提高了业主单位对项目的认可程度。

附录　设计岗位人员任职资格表

各岗位人员任职资格

序号	岗位	任职资格	设置人数
1	设计经理	具有中级职称，有施工图设计经验，专业不限	由总承包牵头单位选派1名，可以由各设计岗位人员兼任
2	设计秘书	土木建筑机电类专业毕业	不限
3	设计总负责人	需具备一级注册建筑师和高级工程师及以上资格	1人，可以由建筑专业负责人兼任
4	设计技术负责人	需具备一级注册结构工程师和高级工程师及以上资格	1人，可以由结构专业负责人兼任
5	专业负责人	一般要求具有高级工程师任职资格，实施注册制的专业要求具有注册资格	每专业各1人
6	设计人	本专业助理工程师资格或工作一年以上	每专业不少于3人
7	校核人	一般要求具有本专业工程师资格	每专业不少于1人
8	审核审定人	一般要求具有本专业高级工程师和注册资格（实施注册制度的专业）	每专业设置审核人、审定人各1人，且不得兼任
9	设计质量管理人员	工程师职称及以上	1人，由设计单位或总承包单位技术质量部门委派
10	设计副经理	工程师职称及以上	1人，由设计单位委派，可以由各设计岗位人员兼任
11	各专业驻场代表	本专业助理工程师资格或工作一年以上	每专业至少1人，由设计团队各专业选派